国家中等职业教育改革发展
示范校核心课程系列教材

养禽技术操作流程

Yangqin Jishu Caozuo Liucheng

陈禹 主编

中国农业大学出版社
CHINA AGRICULTURAL UNIVERSITY PRESS

内 容 简 介

本书从家禽养殖行业中普遍采用的生产操作流程入手，以蛋鸡和肉鸡的生产为主线，兼顾鸭、鹅的饲养管理，阐述了家禽生产过程中应用的基本理论和基本操作技能。本书共含11个教学项目，25个教学任务。本书可作为中等职业教育畜牧兽医专业入门教材及养禽生产相关企业、个人的参考资料。

图书在版编目(CIP)数据

养禽技术操作流程/陈禹主编. —北京：中国农业大学出版社，2016.3
ISBN 978-7-5655-1493-7

Ⅰ.①养… Ⅱ.①陈… Ⅲ.①养禽学-技术操作规程 Ⅳ.①S83-65

中国版本图书馆CIP数据核字(2016)第021776号

书　　名 养禽技术操作流程
作　　者 陈　禹　主编

策划编辑	赵　中	**责任编辑**	王艳欣
封面设计	郑　川	**责任校对**	王晓凤
出版发行	中国农业大学出版社		
社　　址	北京市海淀区圆明园西路2号	**邮政编码**	100193
电　　话	发行部 010-62818525,8625	读者服务部	010-62732336
	编辑部 010-62732617,2618	出　版　部	010-62733440
网　　址	http://www.cau.edu.cn/caup	**E-mail**	cbsszs@cau.edu.cn
经　　销	新华书店		
印　　刷	涿州市星河印刷有限公司		
版　　次	2016年4月第1版　　2016年4月第1次印刷		
规　　格	787×980　　16开本　　10.75印张　　196千字		
定　　价	22.00元		

国家中等职业教育改革发展示范校核心课程系列教材
建设委员会成员名单

主 任 委 员：赵卫琍

副主任委员：栾　艳　何国新　江凤平　关　红　许学义

委　　　员：（按姓名汉语拼音排序）

边占山　陈　禹　韩凤奎　金英华　李　强

梁丽新　刘景海　刘昱红　孙万库　王昆朋

严文岱　要保新　赵志顺

编审人员

主　编　陈　禹（抚顺市农业特产学校）

副主编　杜　娟（抚顺市农业特产学校）

孙　媛（抚顺市农业特产学校）

审　稿　王少锋（抚顺市农业特产学校）

序言

职业教育是"以服务发展为宗旨，以促进就业为导向"的教育，中等职业学校开设的课程是为课程学习者构建通向就业的桥梁。无论是课程设置、专业教学计划制定、教材选择和开发，还是教学方案的设计，都要围绕课程学习者将来就业所必需的职业能力形成这一核心目标，从宏观到微观逐级强化。教材是教学活动的基础，是知识和技能的有效载体，它决定了中等职业学校的办学目标和课程特点。因此，教材选择和开发关系着中等职业学校的学生知识、技能和综合素质的形成质量，同时对中等职业学校端正办学方向、提高师资水平、确保教学质量也显得尤为重要。

2015年国务院颁布的《关于加快发展现代职业教育的决定》提出："建立专业教学标准和职业标准联动开发机制，推进专业设置、专业课程内容与职业标准相衔接，形成对接紧密、特色鲜明、动态调整的职业教育课程体系"等要求。这对于探索职业教育的规律和特点，推进课程改革和教材建设以及提高教育教学质量，具有重要的指导作用和深远的历史意义。

目前，职业教育课程改革和教材建设从整体上看进展缓慢，特别是在"以促进就业为导向"的办学思想指导下，开发、编写符合学生认知和技能形成规律，体现以应用为主线，符合工作过程系统化逻辑，具有鲜明职教特色的教材等方面还有很大差距。主要是中等职业学校现有部分课程及教材不适应社会对专业技能的需要和学校发展的需求，迫切需要学校自主开发适合学校特点的校本课程，编写具有实用价值的校本教材。

校本教材是学校实施教学改革对教学内容进行研究后开发的教与学的素材，是为了弥补国家规划教材满足不了教学的实际需要而补充的教材。抚顺市农业特产学校经过十多年的改革探索和两年的示范校建设，在课程改革和教材建设上取得了一些成就，特别是示范校建设中的18本校本教材现均已结稿付梓，即将与同行和同学们见面。

本系列教材力求以职业能力培养为主线，以工作过程为导向，以典型工作任务和生产项目为载体，对接行业企业一线的岗位要求与职业标准，用新知识、新技术、新工艺、新方法，来增强教材的实效性。同时还考虑到学生的起点水平，从学生就业够用、创业适用的角度，使知识点及其难度既与学生当前的文化基础相适应，也更利于学生的能力培养、职业素养形成和职业生涯发展。

本套校本教材的正式出版，是学校不断深化人才培养模式和课程体系改革的结果，更是国家示范校建设的一项重要成果。本套校本教材是我们多年来按农时季节、工作程流、工作程序开展教学活动的一次理性升华，也是借鉴国内外职教经验的一次探索，这里面凝聚了各位编审人员的大量心血与智慧。希望该系列校本教材的出版能够补充国家规划教材，有利于学校课程体系建设和提高教学质量，能为全国农业中职学校的教材建设起到积极的引领和示范作用。当然，本系列校本教材涉及的专业较多，编者对现代职教理念的理解不一，难免存在各种各样的问题，希望得到专家的斧正和同行的指点，以便我们改进。

该系列校本教材的正式出版得到了蒋锦标、刘瑞军、苏允平等职教专家的悉心指导，同时，也得到了中国农业大学出版社以及相关行业企业专家和有关兄弟院校的大力支持，在此一并表示感谢！

教材编写委员会

2015 年 8 月

前言

校本课程开发研究是我国职业教育课程改革的焦点，它对于学校实现办学宗旨、体现办学特色有着非常积极的意义。因此，开发和编写出适应学校实际和学生需要的校本教材显得日益迫切和必要。

近年来，随着畜牧科技的进步，养禽行业迅速发展，规模化、集约化、生态化程度不断提高，养禽场的管理模式也发生了很大变化。为了适应中等职业教育培养实用型技能人才的需要，我们根据当前养禽业发展的趋势，参考相关资料，编写了此校本教材。

养禽技术是畜牧兽医专业的重要专业课程之一，是实践性较强的应用性学科。主要内容是阐述现代家禽生产中必要的理论知识和先进的生产技术，为从事家禽生产及其技术指导、教学、科学研究工作，并适应家禽业发展的需要奠定基础。《养禽技术操作流程》从家禽生产中普遍采用的操作流程入手，即以养禽场的建设与设备选用、家禽的品种选择、种蛋的管理与孵化、初生雏的处理以及蛋鸡和肉鸡饲养管理的生产流程为主线，兼顾鸭、鹅的饲养管理，阐述了家禽生产过程中应用的基本理论和基本操作技能。将近年来国内外家禽饲养方面的新技术、新方法、新工艺、新知识与地方特点密切结合，使学生既能学到基本知识和基本技能，又能了解和掌握本学科领域的先进知识和技术。

本书按照项目任务式教学模式进行编写，共含11个教学项目，25个教学任务，具体编写分工如下：项目一、项目二、项目六及项目十一由陈禹编写，项目七、项目八及项目十由杜娟编写，项目三、项目四、项目五及项目九由孙媛编写。王少锋审阅了全书。

本教材定位于中等职业教育畜牧兽医专业入门教材及养禽生产相关企业、个人的参考资料。教材本着“轻理论，重技能”的理念，注重课程的综合性、系统性和针对性，着重培养学生发现问题、解决问题的能力，提高学生的综合职业素质。教材基于家禽饲养与管理工作过程，以常见家禽生产技术为载体，参照家禽饲养工、家禽繁殖工的职业技能标准进行学习训练，使学生达到家禽饲养工及家禽繁殖工的中级职业技能水平。

本教材在编写过程中参考了一些专家及学者的著作和研究成果，在此表示衷心的感谢！本书中存在不妥之处，恳请广大师生与读者批评指正。

编　者

2015 年 8 月

目录

项目一　养禽场规划建设与常用饲养设备选用

养禽场是家禽生活与生产的重要场所，养禽场的建设是进行家禽生产时的首要工作。科学合理地规划养禽场，搞好禽舍建筑，有利于提高劳动生产率、加强防疫保健、降低生产成本，促进养禽事业的发展。

任务一　养鸡场规划设计与饲养设备

【知识目标】

掌握养鸡场选址的原则和禽舍建筑的基本要求，了解养鸡常用设备的配置。

【能力目标】

能进行养鸡场的设计建设及生产设备选用。

【材料和用具】

鸡场与鸡舍规划图片，常用养鸡场设备与用具实物及图片。

【内容和方法】

一、中小型养鸡场的规划设计

（一）场址选择

1. 地形与地势　养鸡场建场应选择地势高燥、平坦（或稍有坡度）、排水良好的场地，在丘陵山地建场应选择向阳坡，坡度不超过 20°。地形要开阔整齐，避免边角过多和过于狭长。

2. 水源与土壤　养鸡场要有水质良好、水量丰富的水源。如打深井取水，水质要符合饮用水标准。土壤要具有一定的卫生条件，透气、排水、隔热良好，并具备良好的承重性能。

3.位置与交通　养鸡场应远离城市、水源保护区、旅游区、自然保护区、环境污染严重区、畜禽疫病常发区和山谷洼地等易受洪涝威胁地段。鸡场距交通干线不少于 100～500 m，距居民区和其他禽场不少于 1 000 m。

4.电力供应　养鸡场生产、生活用电要稳定、可靠、充足。就近选择电源，使用电压为 220 V 或 380 V，变压器的功率应满足场内最大用电负荷。机械化程度较高的鸡场要双路供电或自备发电机，防止电路故障或停电。

（二）鸡场的平面设计

1.建筑布局　一般养鸡场建筑包括行政用房、职工生活用房、生产性用房、生产辅助用房及粪污处理设施等。建筑布局主要考虑地势和当地主导风向（图 1-1-1）。

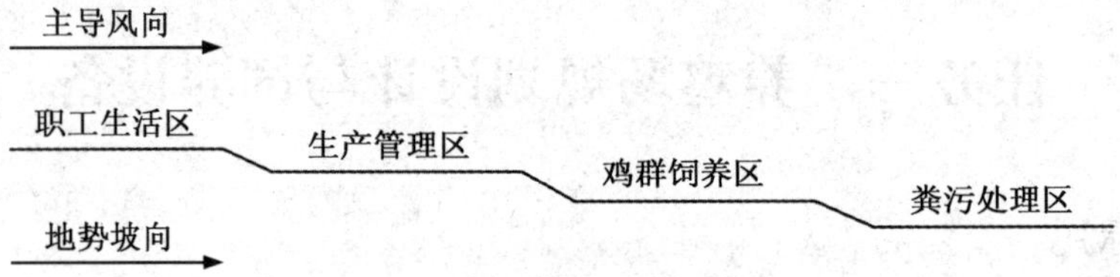

图 1-1-1　养鸡场分区规划

2.鸡舍朝向　在我国，鸡舍朝向以坐北朝南最佳，也可稍偏西南或东南，这种朝向冬季防寒，夏季防暑，有利于鸡的产蛋和生长发育。

3.鸡舍划分及数量　蛋鸡实行两阶段饲养时，需建育雏舍和成鸡舍，其比例为 1∶2；如实行三阶段饲养，则需建育雏舍、育成舍和成鸡舍，比例为 1∶2∶6。肉鸡因无饲养阶段划分，其鸡舍只有一种，数量满足生产需要即可。

4.建筑物的分布　蛋鸡场按育雏舍、育成舍和产蛋舍的顺序布置，其他建筑如料库、蛋库及粪场等应靠近生产区。肉鸡场建筑根据其功能，主要包括鸡舍和附属建筑。鸡舍的布置应横向成排、纵向成列，场区最好布置整齐，避免过多的边角和过于狭长。

5.鸡舍的间距　鸡舍的间距关系到养鸡场的占地面积，同时与防疫、排污和防火的关系也很大。一般情况下，鸡舍的间距应达到鸡舍高度的 3～5 倍。密闭式鸡舍间距为 10～15 m，开放式鸡舍间距为鸡舍高度的 5 倍。

6.鸡场道路　为了保证场区环境卫生和防止污染，养鸡场内需要对净道和污道进行划分，两种道路不能相互交叉。为保证净道不受污染，可按梳状布置，道路末端只通鸡舍。材料可选用柏油、混凝土等，道路应不透水。

7.鸡场入口消毒设施 场区与外界要划分明确，场内不同区域及大门入口处设立消毒池及消毒间。车辆消毒池长为通过最大车辆长度的1.3～1.5倍，为防渗硬质水泥结构。车辆消毒池与大门同宽，深度为30～50 cm。消毒间须安装紫外线灯，地面铺设消毒垫，有条件的可设置淋浴室。

8.场区绿化 绿化可以净化空气，还有防风固沙、降低噪声的作用。养鸡场绿化带可划分为防风林(多风沙地区)、隔离林、行道绿化、遮阳绿化和草坪绿地等。防风林选用冠大叶密的落叶树种，隔离林选用干高冠大的乔木，行道绿化选用常青树和矮灌木搭配，遮阳绿化选用冠大叶小的树种。注意不要选用杨树、柳树等吐絮开花的树种。

(三)生产工艺设计

1.饲养制度 规模化鸡场一般采用全进全出的饲养制度，鸡只出场后要对鸡舍进行彻底清扫、消毒，切断病原的循环感染。

2.饲养工艺 蛋鸡多采用两阶段(育雏育成和产蛋两阶段或育雏和育成产蛋两阶段)饲养及三阶段(育雏、育成和产蛋三阶段)饲养。选定何种饲养工艺主要从防疫、鸡舍利用率、经济效益及管理操作便利性等方面考虑。

3.饲养方式 饲养方式可分为地面平养、网上平养和立体笼养三种方式。地面平养投资少，占地面积大，管理不便，不利于疫病防治，只适于小规模饲养；网上平养一次性投资较高，但饲养密度较大，劳动强度降低，可减少消化道疾病的感染机会，适于大规模肉鸡饲养；笼养的一次性投资大，胸囊肿和腿病发生率高，但饲养密度大，便于防疫和管理，适于大规模饲养。

(四)鸡舍的设计

1.鸡舍的形式(图1-1-2)

(1)全开放式鸡舍 这种鸡舍四面无墙壁，靠立柱支撑屋顶，以网或织物与外界分隔。全开放式鸡舍以自然通风为主，采用自然采光，投资少。但是受气候条件的影响很大，多建于我国南方地区，也可作为其他地区季节性的简易鸡舍。

(2)半开放式鸡舍 前后建矮墙，上部敞开，敞开部分可安装半透明的塑料织布卷帘，依靠自然通风、自然采光，不设风机、不采暖，投资较小，多建于气候温暖的地区。

(3)有窗式鸡舍 四周有围墙封闭，在南北墙设置窗户，主要靠自然通风换气，炎热的季节或饲养密度较大时需开动风机加强通风。寒冷的季节也可关闭门窗，在舍内进行取暖。适合进行规模化饲养。

(4)密闭式鸡舍　四周均为墙壁,有进气孔和排风机,一般无窗户,基本与外界隔离。屋顶与墙壁采用隔热材料,保温效果良好,依靠各种机械设备调节舍内温湿度并采用人工光照,创造出适宜家禽生产需要的稳定的小气候条件。适合进行规模化家禽饲养。

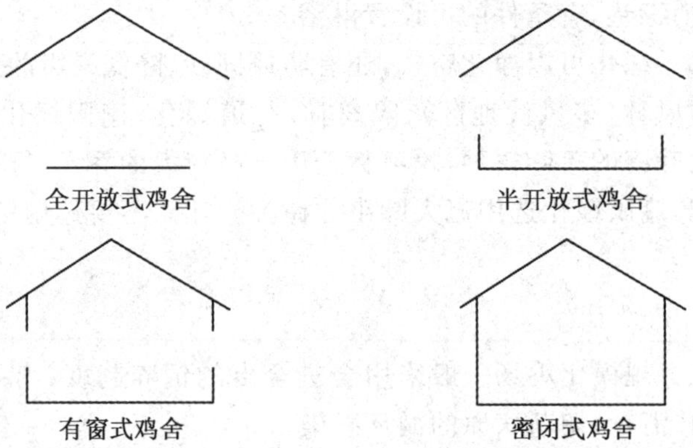

图 1-1-2　鸡舍的形式

2. 鸡舍的结构设计

(1)鸡舍的跨度、长度和高度　跨度取决于屋顶形式、饲养方式及鸡舍的类型。自然通风的鸡舍跨度一般以 6～9 m 为宜,采用机械通风跨度可以达到 9～12 m。长度要根据饲养量及内部设备的布局来决定,机械化程度高的鸡舍可稍长些,大型现代化鸡舍长度一般为 66 m、90 m、120 m,中小型普通鸡舍长度为 36 m、48 m、54 m。跨度不大、平养及气温不太高的地区,鸡舍不必太高,一般鸡舍屋檐高 2～2.5 m;跨度大、多层笼养的,鸡舍高度可达 3 m 左右,或者以最上层鸡笼距屋顶 1～1.5 m 为宜;若为高床密闭式鸡舍,由于下部设粪坑,高度一般为 4.5～5 m。

(2)鸡舍的屋顶　常见的鸡舍屋顶分为单坡式、双坡式、钟楼式、半钟楼式、拱式和双坡歧面式 6 种(图 1-1-3)。屋顶必须有良好的保温隔热性能,并能够防火、防水、承重,小跨度自然通风鸡舍采用单坡式,规模化、现代化鸡舍常采用双坡式屋顶。

(3)鸡舍的地面　鸡舍地面要求高出舍外 30 cm 以上,光滑平坦无裂缝,多采用水泥铺设。为方便洗刷和消毒,地面应设置排水沟,低于地面 15 cm。如采用自动清粪设备,还要预留刮板通道。

(4)鸡舍的墙壁　选用保温隔热性能良好的材料,应具有一定的厚度且严密无

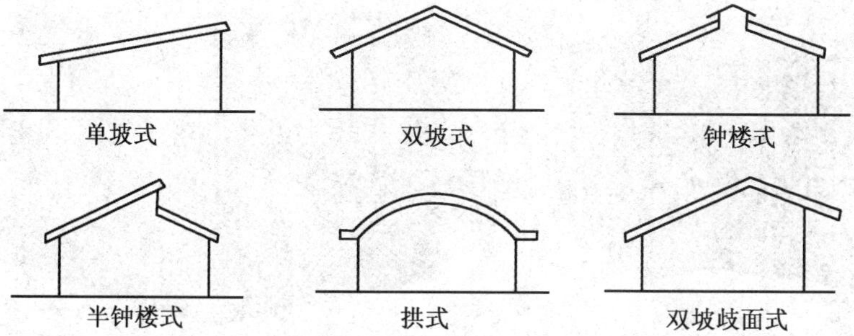

图 1-1-3 鸡舍屋顶样式

缝，耐腐蚀和冲刷。

(5)鸡舍的门窗 门应设在鸡舍两侧或南面，单扇门高 2 m，宽 1 m；双扇门高 2 m，宽 1.6 m。窗户应设在鸡舍的前后墙上，前窗大，后窗小，窗户面积与地面面积之比为 1∶(10～18)，笼养宜高，平养宜低。

3. 鸡舍内布局

(1)平养鸡舍 平养鸡舍可设计为无走道式、单走道单列式、中走道双列式和双走道双列式等。

(2)笼养鸡舍 笼养鸡舍可设计为无走道式和走道式两种。

二、养鸡场常用生产设备

(一)孵化设备

1. 孵化机 孵化机是发展现代化养殖生产的重要设备之一，是利用仿生学原理和自动控制技术为禽蛋胚胎发育提供适宜的条件以获得大量优质雏禽的机器。

孵化机根据它的构造可分为平面孵化机和立体孵化机。而立体孵化机根据箱体结构又可分为箱式孵化机(图 1-1-4)和巷道式孵化机(图 1-1-5)。

(1)平面孵化机 由于此类型孵化机孵化量少，规模化生产中不推荐使用。

(2)箱式孵化机 外观呈箱式，根据蛋架结构又可分为蛋盘架式和蛋架车式。蛋盘架式孵化机的蛋盘架固定在箱内不能移动，入孵和操作管理不方便。目前多采用蛋架车式电孵箱，蛋架车可直接到蛋库装蛋，消毒后推入孵化机，减少了种蛋装卸次数。

(3)巷道式孵化机 巷道式孵化机由多台箱体式孵化机组合连体拼装而成，配备有空气搅拌和导热系统，装蛋容量大，一般在 7 万枚以上。使用时将种蛋码盘装在蛋架车上，经消毒、预热后按一定轨道逐一推进孵化机内。

图 1-1-4 箱式孵化机

图 1-1-5 巷道式孵化机

目前国内较为先进的孵化机型为巷道机，此机型集中了三大优点：省电，省地，省人工。适合于大中型种禽企业，巷道机受人为因素影响较小，但对技术人员和电工的素质要求较高，工作流程简单明了，便于操作，适应工厂化、规模化的孵化生产。而箱式孵化机适用于刚刚起步的小规模生产，投资小，风险小，技术也很好掌握，它不像巷道式孵化机要求有多么专业，所以很大程度上是创业首选。

2. 出雏器（图 1-1-6） 出雏器是与孵化机配套的设备，鸡蛋入孵 18～19 天后要转入出雏器完成出壳。

3. 照蛋器（图 1-1-7） 照蛋器由一个照蛋灯电源和两个照蛋灯头组成，适用于各孵化阶段的鸡、鸭、鹅蛋。

图 1-1-6 出雏器

图 1-1-7 照蛋器

（二）育雏设备

1. 育雏笼具

（1）叠层式电热育雏笼 是一种有加热源的雏鸡饲养设备。一般为 4 层，每层包括加热育雏笼、保温育雏笼和雏鸡活动笼 3 个部分（图 1-1-8）。活动笼内有食槽、饮水器、承粪盘，是供雏鸡自由活动的场所。

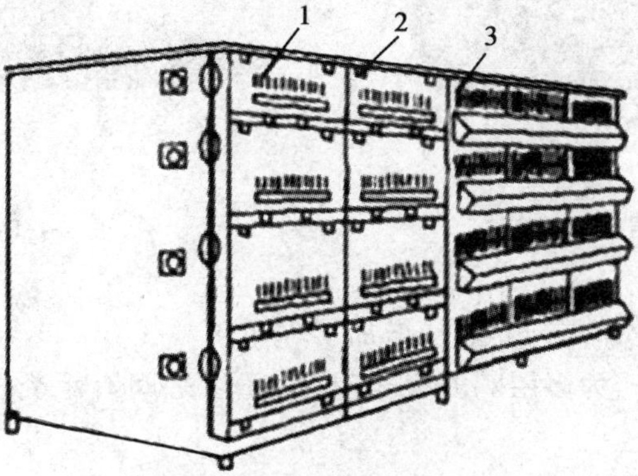

图 1-1-8 4 层电热育雏笼

1. 加热育雏笼 2. 保温育雏笼 3. 雏鸡活动笼

（2）叠层式育雏笼（图 1-1-9） 是一种无加热装置的普通育雏笼，常有 4 层或 5 层。由铁丝网片制成，以笼架固定支撑，每层设置食槽、饮水器和承粪盘。此种育雏笼适用于整室加温的鸡舍。

2. 保温设备

（1）保温伞（图 1-1-10） 由伞部和内伞组成。直径 2 m 的保温伞可育雏 300～500 只，要求室温在 24℃以上，伞下距地面 5 cm 处温度为 35℃。主要应用于平面垫料育雏。

（2）红外线灯 一只 250 W 的红外线灯在室温 25℃时可育雏 110 只，20℃时育雏 90 只，应用广泛。为增强取暖效果，可安装保温灯罩，悬挂高度为 25～30 cm。

（三）饲养设备

1. 笼具

（1）全阶梯式笼具 多采用 3 层结构，各层之间全部错开，不需安装承粪板，是采用人工授精的肉种鸡生产中主要的饲养笼具。

（2）半阶梯式笼具 上下层鸡笼之间有一半重叠，在重叠部分设有一斜面承粪

图 1-1-9 叠层式育雏笼

图 1-1-10 保温伞

板。半阶梯式比全阶梯式饲养数量增加了 1/3。

(3)叠层式笼具 为多层鸡笼完全重叠,每层之间有承粪板。此布局占地少,饲养量大。

2. 平养底网(图 1-1-11) 由塑料或金属线制成,网格大小以漏下鸡粪但不漏鸡爪为宜,上面光滑,无毛刺。

图 1-1-11 采用塑料底网的平养鸡舍

(四)饲喂设备

1. 长饲槽 长条形,材料为塑料或镀锌板,主要应用于平养和笼养鸡。

2. 料桶(图 1-1-12) 主要应用于平养鸡。

3. 盘式饲槽 主要应用于平养鸡,也可与自动喂食机组成盘式喂料系统(图 1-1-13)。

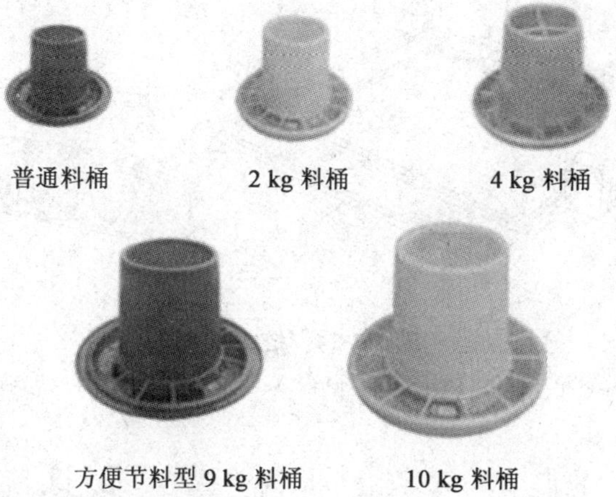

图 1-1-12 料桶

图 1-1-13 盘式喂料系统

4. 喂食机

(1)链式喂食机(图 1-1-14) 通过链片在长饲槽中的循环移动,将饲料均匀送往四周饲槽,同时通过清洁器将剩余饲料与杂物分离。链式喂食机可用于平养或笼养。

(2)螺旋弹簧式喂食机(图 1-1-15) 属于直线形喂料设备。弹簧旋转将饲料推进,通过落料口落入饲槽,当最后一个带有料位器的饲槽加满后,便停止输料。当饲料被采食后,料位降到料位器启动位置时又开始自动输料。

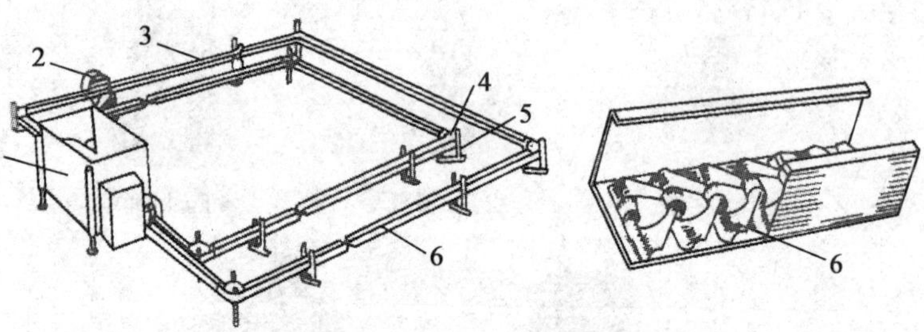

图 1-1-14 链式喂食机

1.料箱 2.清洁器 3.长饲槽 4.转角轮 5.升降器 6.输送链

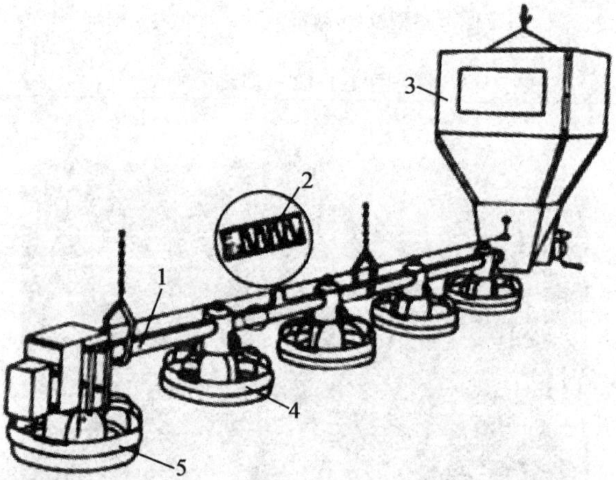

图 1-1-15 螺旋弹簧式喂食机

1.输料管 2.螺旋弹簧 3.料箱 4.盘式饲槽 5.带料位器的饲槽

(五)饮水设备

1.长水槽 安装于鸡笼饲槽上方,由塑料或镀锌板制成,主要应用于笼养鸡。

2.真空式饮水器(钟形饮水器)(图 1-1-16) 由贮水器和饮水盘组成,一般应用于雏鸡和平养鸡,但需每天清洗,工作量较大。

3.吊塔式饮水器(普拉松式饮水器)(图 1-1-17) 由钟形体、滤网、大小弹簧、饮水盘和阀门等组成,主要应用于大群平养鸡。但刷洗费力,使用时饮水盘要与雏鸡背部或成鸡眼睛平齐。

4.乳头式饮水器(图 1-1-18) 由饮水乳头、水管、减压阀或水箱组成,主要应用于平养和笼养鸡。可免除刷洗,但要注意防止漏水。

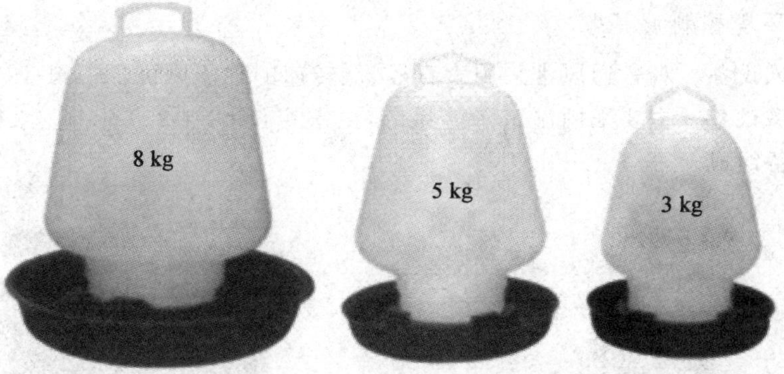

图 1-1-16　真空式饮水器

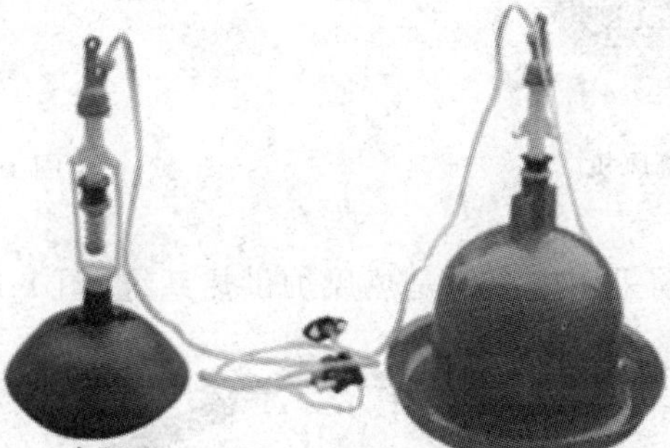

图 1-1-17　吊塔式饮水器

图 1-1-18　乳头式饮水器

（六）环境控制设备

1. 通风设备　鸡舍通风常采用大直径、低转速的轴流风机（图 1-1-19）。

2. 降温设备　主要采用湿帘降温系统，由湿帘（图 1-1-20）、风机、水循环系统和控制设备组成。

图 1-1-19　轴流风机

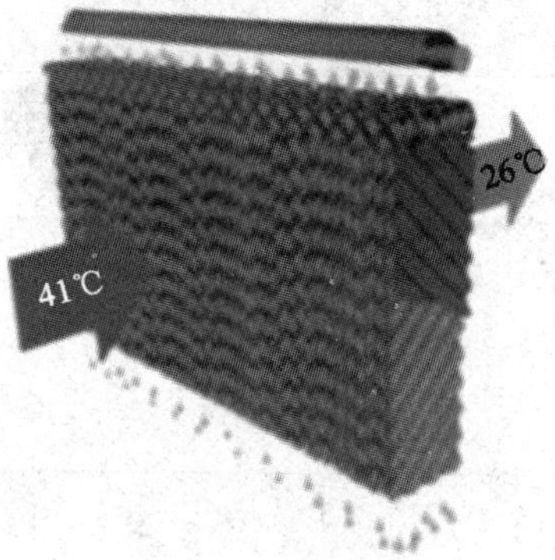

图 1-1-20　湿帘

3. 供暖设备　目前采用较多的是热风炉供热系统（图 1-1-21）。

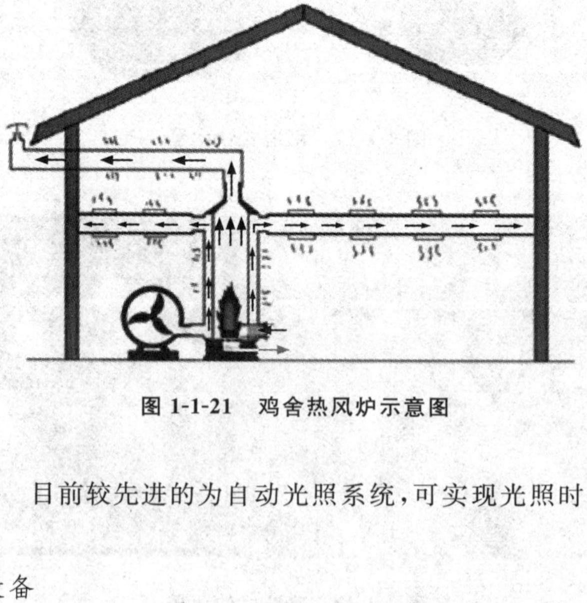

图 1-1-21　鸡舍热风炉示意图

4. 光照设备　目前较先进的为自动光照系统，可实现光照时间及强度的自动调节。

（七）其他设备

1. 清粪设备（图 1-1-22）　用来清除禽舍内的粪便，降低劳动强度，同时有效提高禽舍环境质量。主要清粪设备有刮板式清粪机、输送带式清粪机等。

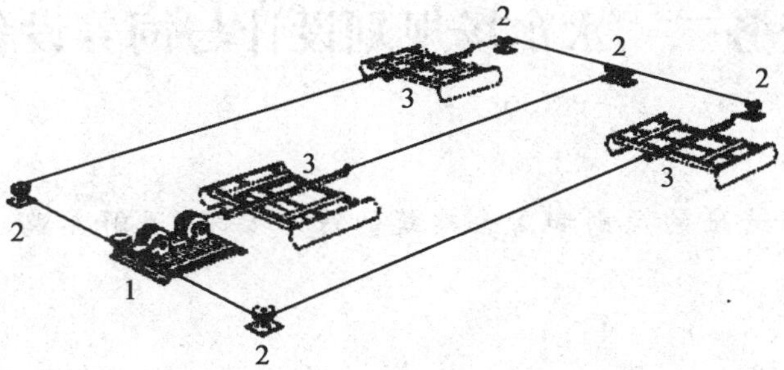

图 1-1-22 鸡舍清粪设备示意图

1. 清粪机主机 2. 转角轮 3. 刮板

2. 集蛋设备　集蛋主要有手工集蛋和机械集蛋两种形式，自动化、规模化的鸡场采用机械集蛋(图 1-1-23)。

3. 冲洗消毒设备　一般采用高压清洗机(图 1-1-24)冲洗地面、墙壁及设备。

图 1-1-23 层叠式集蛋机

图 1-1-24 高压清洗机

4. 运输设备　常用运输设备包括平板四轮或两轮手推车，雏鸡出厂时还要使用空调运雏车运输。

【技能训练】

根据所学知识，为当地养殖户设计一个中小规模的养鸡场。

为养鸡场配置饲养生产设备。

任务二 水禽场规划设计与饲养设备

【知识目标】

掌握水禽场选址的原则和禽舍建筑的基本要求，了解养鸭、鹅常用设备的配置。

【能力目标】

能进行水禽场的设计建设及生产设备选用。

【材料和用具】

水禽场与禽舍规划图片，常用水禽场设备与用具实物及图片。

【内容和方法】

一、水禽场的规划设计

（一）场址选择

1. 水源　鸭、鹅的日常生活离不开水，如洗澡需要水，交尾配种更离不开水，每天还要有大量饮水。俗话说“鸡靠养，鸭、鹅靠放”，所以水禽场应选择濒临水源、水质良好、水量充足的地点。一般可建在河湖之滨，水面尽量宽阔，水深 1～2 m，水活浪小。也可利用稻田进行放牧饲养。

2. 地势较高　建造水禽舍的场地要稍高一些，以免积水，最好略向水面倾斜，利于排水。土质黏性不宜太重，最好是排水良好的沙质土壤。

3. 交通方便　水禽场附近应有公路、水路或铁路相通，便于运输产品和饲料，但不能靠近人员集中的闹市和交通要道。

4. 方向朝南　水禽场朝向以坐北朝南最理想。禽舍要建在水源北面，把陆上运动场和水上运动场放在禽舍南面，使禽舍大门正对运动场，向南开放。

5. 其他条件　水禽场的选址还应考虑防疫、排污、气候以及供电等问题。

（二）水禽场的布局

水禽养殖场一般包括行政区、生活区和生产区三大区域。各区域间应采用绿化带或围墙严格分开，行政区、生活区要远离生产区。生产区四周要有防疫沟，要留两条通道，即净道和污道，两道不能交叉。生产区内，育雏舍安置在上风向，然后依次是后备舍和成年舍，成年舍在下风向。种禽舍要距离其他舍 300 m 以上。兽医室、焚烧炉和污道出口均设在禽舍的下风位置。

(三)水禽养殖场的建筑要求

水禽养殖场的建筑应以简单实用为原则，便于饲养管理和卫生防疫。一个完整的平养舍应包括禽舍、陆上运动场和水上运动场 3 个部分，三者的比例一般为 1∶(1.5～2)∶(1.5～2)(图 1-2-1 和图 1-2-2)。

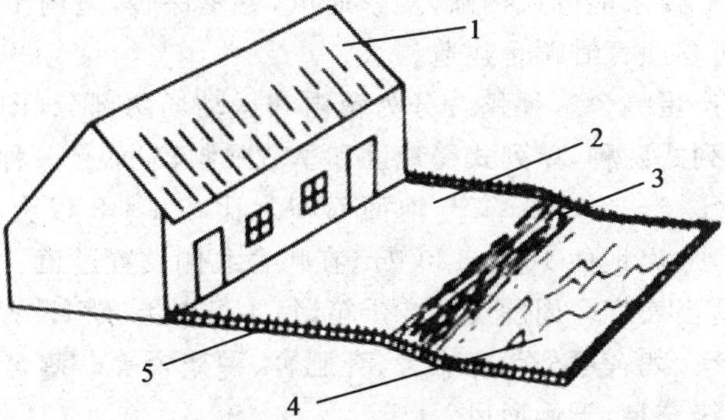

图 1-2-1 种鸭舍布局外观图

1. 鸭舍 2. 陆上运动场 3. 斜坡 4. 水上运动场 5. 围篱

图 1-2-2 种鹅舍侧面和平面图

1. 鹅舍 2. 产蛋间 3. 陆上运动场 4. 凉棚 5. 水上运动场

1. 水禽舍

(1)鸭舍设计　鸭舍普遍采用房屋式建筑，一般分为育雏鸭舍、育成鸭舍、种鸭舍或产蛋鸭舍 3 类。

①育雏鸭舍　要求保温性能良好、干燥透气。屋顶高 6 m，宽 10 m，长 20 m，舍檐高 2～2.5 m，窗与地面面积之比一般为 1∶(8～10)。南窗离地面60～70 cm，设置气窗，便于空气调节，北窗面积为南窗的 1/3～1/2，离地面 100 cm 左右。窗与下水道的出口要装上铁丝网，以防兽害。地面最好用水泥或砖铺成，以便于消毒。

②育成鸭舍　要求能遮风挡雨，夏季通风，冬季保暖，室内干燥。规模较大的鸭场，育成鸭舍可参照育雏鸭舍建造。

③种鸭舍或产蛋鸭舍　种鸭舍分为舍内和运动场两部分(图 1-2-1)。鸭舍通常有单列式和双列式两种，单列式受地区和季节限制较小，是一种较好的设计。种鸭舍一般屋檐高 2.6～2.8 m，窗与地面面积之比在 1∶8 以上，南窗大，离地面 60～70 cm，北窗小，离地面 100～120 cm，在鸭舍北侧设置过道。舍内地面用水泥或砖砌成，要有适当坡度。周围设置产蛋箱，每 4 只产蛋母鸭设置一个产蛋箱。

(2)鹅舍设计　鹅舍可分为育雏舍、育肥舍、种鹅舍等。鹅舍的适宜温度应在 5～20℃，舍内光线充足，干燥通风。

①育雏舍　育雏舍要有良好的保温性能，舍内干燥，通风良好，最好安装天花板，以利于隔热保温。注意地面干燥，地面应比舍外高 25～30 cm，用水泥或三合土制成，以利于冲洗、消毒和防止鼠害。育雏舍前应设置运动场。

②育肥舍　以放牧为主的肥育鹅可不专设育肥舍，一般可利用旧民房或用竹木搭成的能遮风雨的简易棚舍。

③种鹅舍(图 1-2-2)　要求防寒隔热性能好，光线充足。舍檐高 1.8～2 m，窗面积与舍内地面面积之比为 1∶(10～12)，舍内地面比舍外高 10～15 cm。一般生产用鹅场，在鹅舍的一角设有产蛋间。种鹅舍外要设陆上运动场和水上运动场，陆上运动场的面积应为鹅舍面积的 1.5～2 倍，周围要有围栏或围墙，一般高 100 cm 左右，周围种植树木，既可绿化环境，又可作为夏季的凉棚。水上运动场的面积应大于陆上运动场，周围可用竹竿或渔网围住，围栏深入水下，高出水面 80～100 cm。

2. 运动场的设计

(1)陆上运动场　是鸭鹅休息和运动的场所，要求沙质壤土地面，渗透性强，排水良好。条件允许可铺上三合土地面、红砖地或水泥地面。运动场的面积为鸭鹅舍的 1.5～2 倍，坡度以 20°～25°为宜，基本平坦，不易积水。运动场面积的 1/2 应搭设凉棚或栽种葡萄等植物形成遮阴棚。

(2)水上运动场　供鸭鹅洗毛、纳凉、采食水草、饮水和配种用。可利用天然沟塘、河流、湖泊,也可利用人工浴池。周围用1～1.2 m高的竹篱笆或用水泥、石头砌成围墙,以控制鸭鹅群的活动范围。人工浴池一般宽2.5～3 m,深1 m以上,用水泥砌成。水上运动场的排水口要有一沉淀井,排水时可将泥沙、粪便等沉淀下来,避免堵塞排水道。

二、水禽场常用生产设备

(一)加温设备

在育雏过程中,需要较高而稳定的室温环境。因此,需要配备加温设备,大多数与鸡的育雏保温设备相同。

1.电热育雏伞　育雏伞外呈圆锥塔或方锥塔形,上窄下宽,壳可用铁皮、铝合金或木板(纤维板)制成双层,夹层中填充玻璃纤维等保温材料,外壳也可用布料制成,内侧涂布一层保温材料,制成可折叠的伞状。保温伞内用电热丝或远红外线加热板供温,伞顶或伞下装有控温装置,在伞下还应装有照明灯及辐射板,在伞的下缘留有10～15 cm间隙,让雏禽自由出入。利用电热育雏伞加温节省劳力,管理方便,空气好,育雏室清洁无污染,育雏效果好。缺点是耗电较多,无电或经常停电的地方使用受到限制,冬季气温较低时,还需要炉子辅助保温。

2.红外线灯　利用红外线灯泡发热量较高的特点,把它悬挂在育雏室内,提供育雏所需的热量。常用的红外线灯泡是250 W,使用时可以等距离排列,也可以3～4个组成一组。刚开始灯泡离地35～45 cm,以后随雏禽日龄的增大,逐渐提升灯泡高度。一般每周将灯泡提高7～8 cm,直到离地面60 cm高为止。在外界气温较低的情况下育雏,第一周时室内还要有升温设备,并要将初生雏围在灯下1.2～1.5 m直径的范围内。料槽和水槽不要放在灯下,以免污染。利用红外线灯泡加温,保温稳定,室内干净,垫草干燥,管理方便,节省人工,但耗电量大,灯泡使用率高,易损坏,成本较高,供电不正常的地方不能使用。

3.煤炉　采用类似火炉的进风装置,将进风口设在底层,把煤炉原有的进风口堵死。另外,装一个进气管,在管的顶部加一块小玻璃,通过玻璃的开启来调节火势大小。炉的上侧安装排气烟管,向室外排气、排烟。使用煤炉加温要注意室内通风,经常开启门窗,否则易引起一氧化碳中毒。

除上述加温方法外,还可采用火炕、火墙(分地上、地下烟道两种)加温,各地可以根据本地区的特点选择使用。

(二)饲喂用具

1.喂料工具　喂鸭、鹅的工具式样很多,有饲料盘、饲槽、料桶、塑料布或盆等。

饲料盘和塑料布多用于雏鸭开食，也可以用竹席、草席代替。较大的青年鸭、鹅和种鸭、鹅可用无毒的塑料盆作为食盆，这种食盆便于清洗、消毒和搬动。饲槽或料桶可用于各种阶段的鸭，饲槽应底宽上窄，防止饲料浪费。料桶能存放较多饲料，并且可以一边采食一边自动下料，节省人工，鸭子采食均匀，尤其适合于饲喂颗粒饲料。如饲喂粉料，必须十分干燥，也不能粉碎过细，以免受潮后结块降低品质，影响下料。

2. 填饲机具　目前生产鸭肥肝、鹅肥肝往往需要填饲2～3周，填饲时多使用填饲机，这种机具分为手动填饲机和电动填饲机两类。

(1)手动填饲机　手动填饲机结构简单，操作方便，适用于小型水禽场(图1-2-3)。

(2)电动填饲机　根据所用饲料的不同，又可分为两类：生产肥肝时，多用整粒玉米填饲，一般采用螺旋推进式填饲机；水禽育肥时，因用粉状饲料调成糊状，则多采用压力泵式填饲机。

图1-2-3　使用填饲机进行填饲喂养

(三)饮水用具

养鸭、鹅用的饮水器的式样很多，最常见的是塔式真空饮水器。成年鸭、鹅的饮水器，可以用无毒的塑料盆或陶钵，也可以用小水缸。但必须注意，用口径较大的盆式饮水器，必须在盆上方加盖罩子(用竹条或粗铁丝制成)，以防鸭、鹅在饮水时窜入盆中洗澡，污染饮用水。

【技能训练】

为当地养殖户设计一个水禽养殖场。

为水禽养殖场配置饲养生产设备。

项目二　家禽的外貌与品种

任务一　家禽外貌部位识别

家禽属于鸟纲，鸡起源于红色原鸡，鸭起源于绿头野鸭，中国鹅起源于鸿雁，欧洲鹅和伊利鹅起源于灰雁，所以家禽保留了鸟类大部分的外貌特征。在生产实践中，家禽的外貌特征是评价生产性能和识别品种的重要依据。

【知识目标】

了解家禽的外貌。

掌握家禽外貌特征与生产性能的关系。

【能力目标】

能进行家禽健康情况及生产力状况的判定。

【材料和用具】

家禽外貌部位图片、家禽及多媒体教学系统。

【内容和方法】

一、鸡的外貌

大体可分为头部、颈部、体躯、翼和腿部等几部分。鸡体外貌部位名称见图2-1-1。

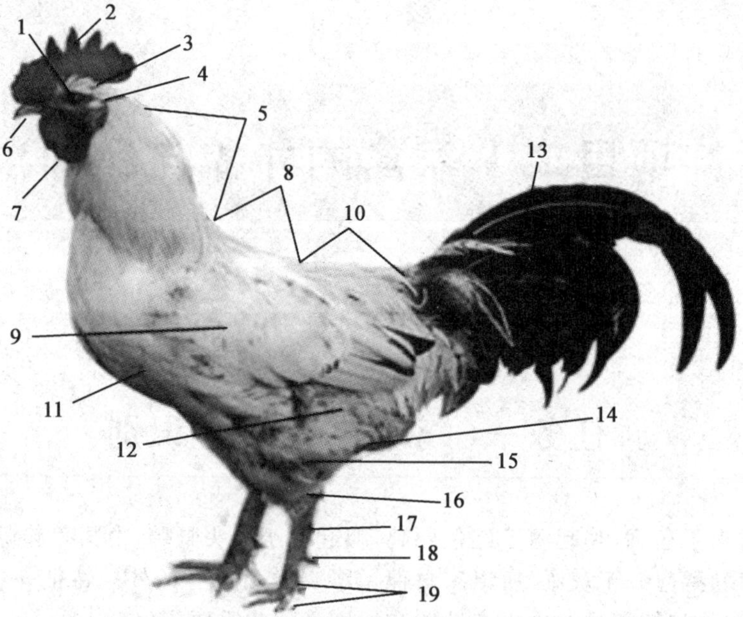

图 2-1-1 鸡体外貌部位名称

1.眼 2.冠 3.头 4.耳孔 5.颈 6.喙 7.肉髯 8.背 9.翼 10.腰 11.胸 12.股 13.尾 14.腹 15.小腿 16.跗关节 17.跖部 18.距 19.趾

(一)头部

鸡的头部(图 2-1-2)有冠、肉髯、喙、鼻、耳、脸和眼等。

1.冠和肉髯 属皮肤的衍生物。冠生长在头的上部,只有一个,可分为单冠、豌豆冠、蔷薇冠、草莓冠和羽毛冠等几种冠型。肉髯生于喙的下方,两片且左右对称。

冠和肉髯可反映鸡的健康情况和生产性能,健康的鸡冠和肉髯呈鲜红色,细致、丰满、肥润;而病鸡的冠和肉髯,特别是冠,常皱缩,不红,甚至带紫色;产蛋母鸡冠色鲜红、温暖、肥润,停产鸡则冠色暗淡、冰凉、皱缩。另外,公鸡的冠和肉髯要比母鸡发达。

2.喙 呈圆锥形,颜色因品种不同有黄、褐、黑等颜色,一般与爪的颜色一致。健壮的鸡喙短且稍弯曲。

3.鼻 喙的基部有鼻孔,左右对称。

4.耳孔和耳叶 耳孔位于头的两侧、眼的后下方。耳孔下有耳叶,为椭圆形,

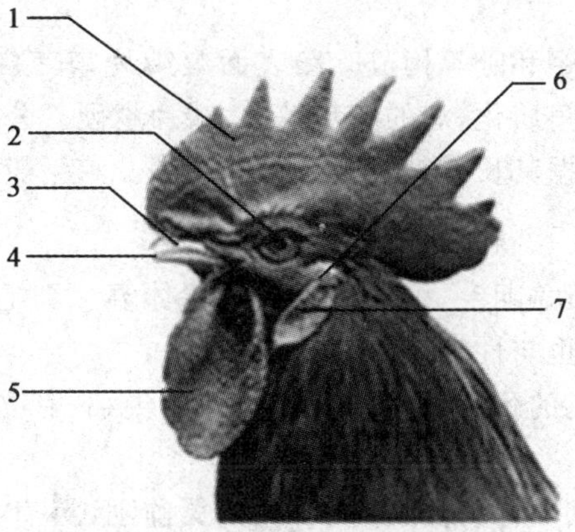

图 2-1-2 鸡头部部位名称

1.冠 2.眼 3.鼻孔 4.喙 5.肉髯 6.耳孔 7.耳叶

肉用型和兼用型为红色,蛋用型为白色。

5.脸和眼 脸是位于喙与耳之间、眼周围的裸露部分。蛋鸡脸清秀,肉鸡脸丰满,产蛋旺盛的鸡脸色鲜红,老弱病鸡脸色苍白有皱纹。眼位于脸的中央,健康的鸡眼大有神且反应灵敏。

(二)颈部

位于头部和体躯之间的部分。蛋用型鸡颈部细长,肉用型鸡颈部粗短,一般情况下,颈部过度细长是体质衰弱的表现。

(三)体躯

由胸部、腹部、背部和尾部组成,体躯的发育与生产性能有密切关系。

1.胸部 是心脏与肺脏所处的位置。肉鸡的胸部应深广、胸骨平直、肌肉发达,胸骨若呈“S”状则是发育不良或患佝偻病的表现。

2.腹部 是消化器官和生殖器官所处的位置,产蛋鸡应具有较大的腹部容积,胸骨末端到耻骨的距离以及两耻骨末端之间的距离越大,鸡的产蛋能力越强。

3.背部 蛋鸡背腰较长,肉鸡背腰较短。

4.尾部 尾要平直,蛋用型鸡尾较长,肉用型鸡尾较短。

(四)翼

鸡的前肢衍生成翼。翼的状态可反映禽的健康情况。正常鸡的翼紧扣身体,体弱多病的鸡往往表现为翼下垂。

(五)腿部

腿部由股、胫、跖、距和趾等构成。跖表面有鳞片,其颜色与品种有关,幼龄鸡鳞片柔软,成年后逐渐角质化,鸡的年龄越大,鳞片越硬。公鸡在跖内侧生有距,随年龄增长而增长,可根据其长度来判断公鸡的年龄。鸡一般为 4 趾,少数有 5 趾。

(六)羽毛

鸡身体的大部分覆盖羽毛,可以帮助其保持体温。羽毛在不同部位有不同的形状和名称,羽毛形状也与性别有关。

1. 颈羽　颈羽在鸡的颈部着生。公鸡的颈羽尖细、有光泽;母鸡的颈羽宽短,末端钝圆。

2. 翼羽　翼上的羽毛称为翼羽,主要包括翼前羽、翼肩羽、覆主翼羽、主翼羽、覆副主翼羽、副主翼羽和轴羽(图 2-1-3)。

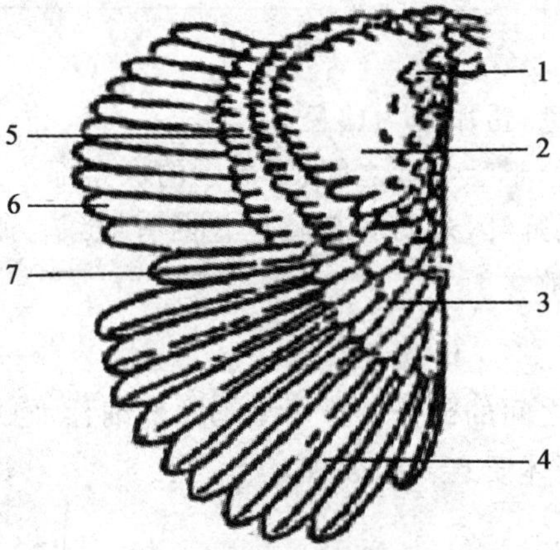

图 2-1-3　鸡翼羽各部位名称

1.翼前羽　2.翼肩羽　3.覆主翼羽　4.主翼羽　5.覆副主翼羽　6.副主翼羽　7.轴羽

将鸡翅展开,可以看到两排宽大的羽毛,靠近尖端最长的一排长而硬的羽毛为主翼羽,共有 10 根,其根部有一排较短的羽毛,覆盖在每根主翼羽的基部,称为覆主翼羽,数目与主翼羽相对应。靠近肩部有一排较短的硬羽毛称为副主翼羽,一般有 11 根,相应的覆盖在每根副主翼羽基部上的羽毛称为覆副主翼羽。在主翼羽和副主翼羽之间有一根较短的羽毛,称为轴羽。雏鸡在初生时,一般只有主翼羽、副主翼羽及其覆翼羽生长出来,其余部位均为绒毛。

翼羽的生长速度有较大的差异,初生时主翼羽生长速度明显快于覆主翼羽者称为快羽,而主翼羽生长速度等于或慢于覆主翼羽者称为慢羽。快羽和慢羽是一对相对性状，可用来鉴别雌雄。用快羽公鸡与慢羽母鸡杂交，产生的雏鸡快羽为母雏，慢羽为公雏。

3. 胸羽和背羽　胸羽和背羽分别指在鸡的胸部和背部生长的羽毛，形状较为短阔。

4. 尾羽　尾羽在鸡的尾部着生，是鸡尾部硬直而扁阔的羽毛，两侧共约 12 根。

鸡的羽毛每年脱换 1～2 次，称为换羽，通常发生于春季或秋季。换羽时体内代谢率增加而生产率下降。生产中常采取人工强制换羽以提高产量，便于管理。

羽毛的颜色和图案是由遗传决定的，是品种的标志。现代鸡种经过高度选育，羽毛颜色以白色为主，少数为褐色，并可利用羽色进行雏鸡的雌雄鉴别。

二、鸭的外貌

鸭体呈流线型，体表被羽，全身分为头部、颈部、体躯、翅膀、尾部、腿部等几部分。鸭体外貌部位名称见图 2-1-4。

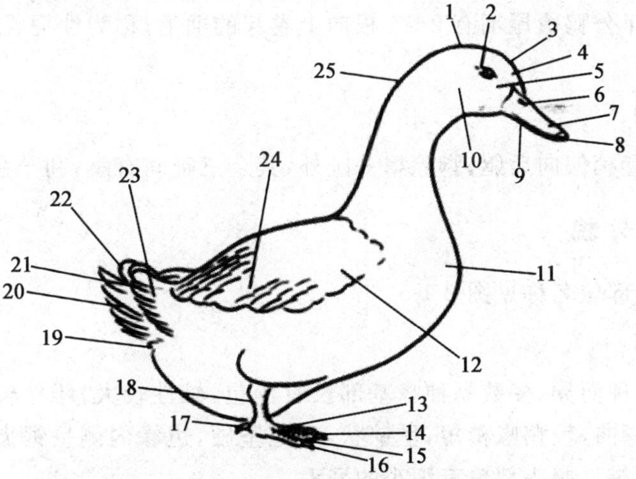

图 2-1-4　鸭体外貌部位名称

1. 头　2. 眼　3. 前额　4. 面部　5. 颊部　6. 鼻孔　7. 喙　8. 喙豆　9. 下腭　10. 耳　11. 胸部　12. 主翼羽　13. 内趾　14. 中趾　15. 蹼　16. 外趾　17. 后趾　18. 跖　19. 下尾羽　20、23. 尾羽　21. 上尾羽　22. 性羽　24. 副主翼羽　25. 颈部

(一)头部

鸭的头部较大，呈圆形，无冠、肉髯和耳叶。除喙以外，覆有短羽，耳被耳羽覆

盖。喙扁长，喙缘两内侧有锯齿状空隙，上喙尖端长有一个颜色略暗而坚硬的喙豆。喙的颜色因品种而异。喙基部两侧有鼻孔。眼大而圆，反应灵敏。

(二)颈部

鸭颈细长，活动自如。一般公鸭、肉鸭颈部较粗短，母鸭、蛋鸭颈部较细长。

(三)体躯

呈扁圆形，向后下方倾斜，即体躯的中轴与地面构成一定的角度，形成体轴角。一般来说，体形宽大的鸭，体轴角较小，举止比较笨拙；体形窄小的鸭，体轴角较大，举止轻巧灵活。肉鸭体躯深、宽而下垂，嘴长而直，肌肉发达；蛋鸭体形较小，体躯细长，后躯发达；肉蛋兼用型鸭体躯介于两者之间。

(四)翅膀

翼羽包括轴羽、主翼羽、副主翼羽、覆主翼羽和覆副主翼羽。有些品种在翼羽上有较光亮的羽毛，称为镜羽。

(五)尾部

尾短，成年公鸭覆尾羽有 2～4 根向上卷起的羽毛，称为性羽或卷羽，可用来鉴别雌雄。

(六)腿部

腿短，位置稍偏向后躯，脚除第一趾外，其余三趾间有蹼，利于在水中划行。

三、鹅的外貌

鹅体外貌部位名称见图 2-1-5。

(一)头部

头形因品种而异，多数品种喙基部长有额包，雄性较大，雌性较小。喙为扁平形，喙前端略弯曲，较鸭喙稍短，呈铲状，质地坚硬，边缘内侧呈锯齿状。有的品种在颌下长有咽袋。鹅头部覆有细小的羽毛。

(二)颈部

鹅颈部长而灵活、弯曲，能自由伸缩活动。

(三)体躯

呈船形，不同品种、性别体形大小不同。成年母鹅腹部有较大褶皱，形成肉袋(俗称蛋包)。成年公鹅尾部无性羽。鹅单靠羽毛形状和颜色难以鉴别雌雄，这点与鸡、鸭不同。

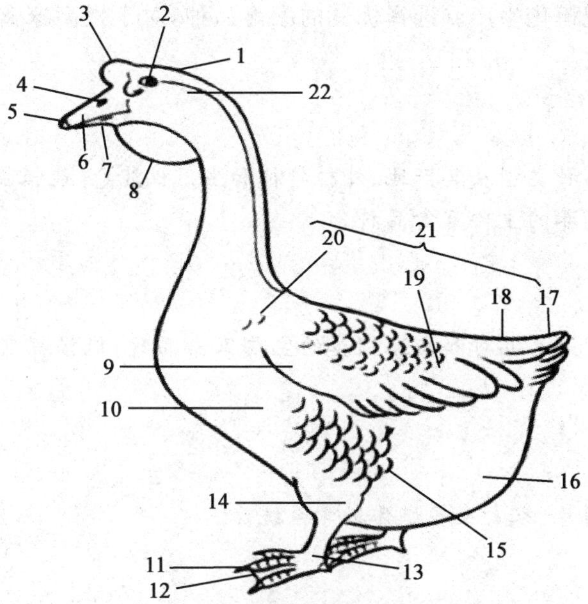

图 2-1-5 鹅体外貌部位名称

1.头 2.眼 3.额包 4.鼻孔 5.喙豆 6.喙 7.下腭 8.咽袋 9.翼 10.胸部 11.趾 12.蹼 13.跖 14.跗关节 15.腿 16.腹部 17.尾羽 18.覆尾羽 19.翼羽 20.肩部 21.背部 22.耳

(四)翅膀

翼羽较长,两侧翼羽常重叠交叉于背上。鹅的翼羽上无镜羽。

(五)腿部

鹅腿位置稍偏向后躯,粗壮有力,跖骨较短。鹅有 4 趾,趾间有蹼。脚的颜色有橘红色和灰黑色两种。

【技能训练】

使用图片或实物对家禽的外貌进行识别,说出其外貌特征与生产性能的关系。

任务二　家禽品种识别

家禽在长期的自然选择和人工驯化过程中,形成了许多良种,这些良种经过近代育种学家的科学选育形成了一系列的商业配套系,推动了家禽良种繁育体系的建设和家禽的规模化生产。选择优良的家禽品种，对于提高家禽养殖的效益是致关重要的。

【知识目标】

掌握家禽品种类型及其产地、外貌特征和生产性能，并能根据体形外貌识别著名品种和当地饲养的主要家禽品种。

【能力目标】

能熟练识别著名品种和当地饲养的主要家禽品种，能根据实际情况进行家禽品种的选择。

【材料和用具】

家禽品种图片、家禽及多媒体教学系统。

【内容和方法】

放映家禽品种图片或幻灯片，重点介绍产地、经济用途、体形外貌特征。

一、鸡的品种识别

（一）标准品种

1. 白来航鸡（图 2-2-1） 原产意大利，是世界分布广泛的著名蛋用型品种。该鸡种体形小而清秀，全身羽毛白色，冠大鲜红。公鸡的冠较厚而直立，母鸡冠较薄而倒向一侧。喙、胫、趾和皮肤均呈黄色，耳叶白色。成熟早，无就巢性，产蛋量高而饲料消耗少。140 日龄左右开产，年平均产蛋量为 200 枚以上，优秀品系可

图 2-2-1 白来航鸡

超过 300 枚。平均蛋重为 54～60 g,蛋壳白色。标准体重,公鸡约 2.0 kg,母鸡约 1.5 kg。

2.洛岛红鸡(图 2-2-2) 育成于美国洛德岛州,属蛋肉兼用型品种,有单冠和玫瑰冠两个品变种。羽毛酱红色,尾羽黑色。背宽平而长,体躯呈长方形,耳红色,胫、皮肤为黄色。180 日龄左右开产,年产蛋 180 枚左右,蛋重 60 g 左右,蛋壳褐色。成年公鸡体重约 3.6 kg,母鸡约 2.7 kg。

图 2-2-2 洛岛红鸡

3.新汉夏鸡(图 2-2-3) 育成于美国新汉夏州,属兼用型品种。全身羽毛橙红色,尾羽有黑色镶边。180 日龄左右开产,年产蛋量 200 枚左右,蛋重 58 g 左右,蛋壳褐色。成年公鸡体重约 3.6 kg,母鸡约 2.7 kg。

图 2-2-3 新汉夏鸡

4.白洛克鸡(图 2-2-4) 原产美国,属兼用型品种。体形硕大,全身羽毛白色。单冠,冠、肉髯与耳叶均为红色,喙、胫和皮肤均为黄色。180～200 日龄开产，年产蛋量170枚左右，蛋重58 g左右，蛋壳褐色。成年公鸡体重约3.6 kg，母鸡约2.7 kg。

该品种早期生长速度快，胸、腿部肌肉发达。主要作肉鸡配套杂交母系使用，其商品肉鸡增重快，肉料比1∶(2.0～2.5)，8～10周龄体重通常能达1.5～2.5 kg，是国内外较理想的肉鸡。

图 2-2-4　白洛克鸡

5. 横斑洛克鸡(图 2-2-5)　原产美国，属兼用型品种。横斑洛克鸡在我国常称芦花(洛克)鸡。该鸡体形椭圆，体躯各部发育良好，全身羽毛呈黑白相间的横斑纹，羽毛末端为黑边，斑纹清晰一致。母鸡羽色较公鸡深。横斑洛克鸡生长快，肉质好，易肥育。母鸡平均年产蛋180枚，平均蛋重56 g，蛋壳褐色。成年公鸡平均体重约4 kg，母鸡约3 kg。

图 2-2-5　横斑洛克鸡

6. 澳洲黑鸡(图 2-2-6) 原产澳洲，是肉蛋兼用型品种，全身羽毛黑色而富有光泽，喙、胫、趾均呈黑色，脚底呈白色。母鸡 6 月龄开产，平均年产蛋量 160 枚左右，蛋重约 60 g，蛋壳黄褐色。略有就巢性。成年公鸡体重约 3.75 kg，母鸡 2.5～3 kg。

图 2-2-6 澳洲黑鸡

7. 苏赛斯鸡(图 2-2-7) 原产英国英格兰苏赛斯，为兼用型品种。体长，胸、腹宽深，胫较短。单冠，中等大，冠、肉髯、耳叶均为红色，皮肤白色。年产蛋 160～170 枚，蛋重 56 g 左右，蛋壳褐色。成年公鸡体重约 4.0 kg，母鸡约 3.2 kg。本品种肉用性能好、增重快，可作肉鸡配套系的母鸡使用。

图 2-2-7 苏赛斯鸡

8. 白科尼什鸡(图 2-2-8) 原产英国，属肉用型品种。豆冠或单冠，耳叶红色，喙、脚、皮肤为黄色，羽毛短而密紧，呈白色。体躯坚实，肩胸宽，胫粗壮。体重大，成年公鸡 4.5～5.0 kg，母鸡 3.5～4 kg。早期生长快，胸肉特别发达。210～270 日龄开产，年产蛋 120 枚左右，蛋重 55～60 g。蛋壳浅褐色。主要用白科尼什鸡作父系与白洛克鸡杂交生产肉用仔鸡，7 周龄体重约 1.8 kg，料肉比 2.0，现广泛分布于世界各地。

图 2-2-8 白科尼什鸡

9.狼山鸡(图 2-2-9) 原产于我国江苏省南通市,属蛋肉兼用型品种。体格健壮,头昂尾翘,呈 U 字形。耳叶和肉髯均为鲜红色;喙黑褐色,尖端颜色较淡;全身被毛黑色,成年公鸡背部、尾部羽毛有墨绿色金属光泽;胫、趾部均呈灰黑色;皮肤白色。胸部特别发达,体高脚大,外貌雄武。6 月龄开产,年产蛋 170 枚左右,蛋重 59 g 左右。成年公鸡体重 4.0～4.5 kg,母鸡 3.0～3.5 kg。

图 2-2-9 狼山鸡

10.九斤鸡 原产于中国,为世界著名的标准肉鸡品种。该鸡头小,喙短,单冠;冠、肉髯、耳叶均为鲜红色,眼棕色,皮肤黄色;颈短粗,体躯宽深,胸部饱满,背部向上隆起,羽毛蓬松,外形近方形;体大而笨拙,性情温顺,就巢性强。8～9 月龄开产,年产蛋 80～100 枚,平均蛋重 55 g,蛋壳黄褐色。成年公鸡体重约 4.9 kg,母鸡约 3.7 kg;肉质滑嫩,肉色微黄,肉味鲜美。

11.丝羽乌骨鸡(图 2-2-10) 是我国古老的鸡种之一,分布于江西、广东、福建等地。属观赏型和药用型鸡种。头小,颈短,胫短,结构细致紧凑,体态小巧轻盈。其外貌具十大特征，也称“十全”：紫冠、缨头、绿耳、胡子、五爪、毛脚、丝毛、乌皮、乌骨、乌肉。眼、喙、耳、内脏、脂肪也是乌黑色。6～7 月龄开产，年产蛋 80～120 枚，蛋重 40～45 g。成年公鸡体重 1.3～1.8 kg，母鸡 1.0～1.3 kg。

图 2-2-10 丝羽乌骨鸡

(二)我国地方鸡种

1. 仙居鸡(图 2-2-11) 产于浙江仙居，属蛋用型品种。体形较小、紧凑匀称，动作灵敏，富神经质。毛色有黄、白、黑、麻雀斑色等多种。胫色有黄、青及肉色等。5 月龄开产，年产蛋 180～200 枚，平均蛋重 42 g。成年公鸡体重约 1.44 kg，母鸡约 1.25 kg。

图 2-2-11 仙居鸡

2. 固始鸡(图 2-2-12) 产于河南固始，属兼用型品种。毛色以黄色、黄麻为主，青腿青脚青喙。冠有单冠和复冠两大类。体形小的多属“直尾型”，体形大者属“佛手尾”。6 月龄开产，年产蛋 140～150 枚，平均蛋重 52 g。成年公鸡体重约 2.5 kg，母鸡约 1.8 kg。

图 2-2-12 固始鸡

3. 寿光鸡(图 2-2-13) 产于山东寿光，属兼用型品种。体形有大、中两个类型。头大小适中，单冠，冠、肉髯、耳和脸均为红色，眼大有神，喙、跖、趾为黑色，皮肤白色，羽毛黑色。8 月龄开产，年产蛋 120～150 枚，平均蛋重 65 g。成年公鸡体重约 3.3 kg，母鸡约 2.3 kg。

图 2-2-13 寿光鸡

4. 萧山鸡(图 2-2-14) 产于浙江萧山，属兼用型品种。体形大，单冠，冠、肉髯和耳叶均为红色。喙、胫黄色，颈羽黄黑相间。6 月龄开产，年产蛋 130～150 枚，平均蛋重 53 g。成年公鸡体重约 3.25 kg，母鸡约 2.25 kg。

5. 庄河大骨鸡(图 2-2-15) 产于辽宁庄河，属兼用型品种。大骨鸡体形大，胸深宽广，背宽而长，腿高粗壮，腹部丰满。公鸡羽毛棕红色，尾羽黑色并带绿色光泽。母鸡多呈麻黄色，头颈粗壮，眼大而明亮。公鸡单冠直立，母鸡单冠，冠齿较小。冠、耳叶、肉髯呈红色，喙、胫、趾均呈黄色。7 月龄开产，年产蛋 100～160 枚，平均蛋重 62 g。成年公鸡体重约 3.0 kg，母鸡约 2.3 kg。

图 2-2-14 萧山鸡

图 2-2-15 庄河大骨鸡

6. 浦东鸡(图 2-2-16) 产于上海浦东,属肉用型品种。体形近方形,骨粗脚高,羽毛疏松。母鸡羽毛多为黄色、麻黄色或麻褐色,公鸡多为金黄色或红棕色。单冠,喙、脚为黄色或褐色,皮肤黄色。7 月龄开产,年产蛋 130 枚左右,平均蛋重约 58 g。成年公鸡体重约 3.5 kg,母鸡约 2.8 kg。

7. 北京油鸡(图 2-2-17) 产于北京,属肉用型品种。羽毛浅黄色,单冠,冠多皱褶呈 S 形,冠羽、胫羽、髯羽明显,脚爪有羽毛。当地人常称之为“凤头、毛腿、胡子嘴”。7 月龄开产,年产蛋 110 枚,平均蛋重 56 g。成年公鸡体重约2.05 kg,母鸡约 1.73 kg。

8. 惠阳鸡(图 2-2-18) 产于广东惠阳,属肉用型品种。黄羽、黄喙、黄脚、黄胡须,短肢。头中等大小,单冠直立。胸较宽深,胸肌丰满。6～7 月龄开产,年产蛋 80～110 枚,平均蛋重 46 g。成年公鸡体重约 2.2 kg,母鸡约 1.6 kg。

图 2-2-16 浦东鸡

图 2-2-17 北京油鸡

图 2-2-18 惠阳鸡

9.桃源鸡(图 2-2-19) 产于湖南桃源,属肉用型品种。体格高大,近正方形。公鸡羽毛黄红色,母鸡多为黄色,单冠。公鸡头颈直立、胸挺、背平、脚高,尾羽翘起。母鸡头略小,颈较短。6.5 月龄开产,年产蛋 86 枚左右,平均蛋重 54 g。成年公鸡体重约 3.4 kg,母鸡约 3.0 kg。

图 2-2-19 桃源鸡

10.鹿苑鸡(图 2-2-20) 产于江苏张家港,属肉用型品种。体躯宽深,羽毛以淡黄和麻黄两色为主,喙黄、脚黄、皮黄。6 月龄开产,年产蛋 126 枚左右,平均蛋重 50 g。成年公鸡体重约 2.6 kg,母鸡约 1.9 kg。

图 2-2-20 鹿苑鸡

(三)现代鸡种

现代鸡种是家禽遗传育种工作者运用遗传育种学原理,在传统的标准品种的基础之上,采用品系育种和品系杂交方法育成的配套商用品系,名称均为公司或商品名。现代鸡种主要强调的是高产、稳产、优质、规格化的生产性能。根据其经济用途,分为蛋鸡系和肉鸡系两大类。

1. 蛋鸡系

(1)白壳蛋鸡　白壳蛋鸡来源于单冠白来航鸡，它原产于意大利，分布很广，是标准品种中著名的蛋用型鸡。通过培育成不同的纯系，配套形成二系、三系或四系杂交商品系。如京白 938、海兰 W-36 等。

(2)褐壳蛋鸡　褐壳蛋鸡主要是由洛岛红、洛岛白和白洛克品种选育而来。以洛岛红作为父系，洛岛白或白洛克作为母系，并利用伴性羽色基因，即金黄羽和银白羽基因进行自别雌雄，生产自别雌雄的褐壳蛋鸡配套系。如伊莎褐、迪卡褐、罗曼褐、海赛克斯褐等。

(3)粉壳蛋鸡　由于粉壳蛋的蛋壳颜色类似于我国土鸡蛋，受到消费者的喜爱，近几年发展较快，是利用白来航鸡和中型褐壳蛋鸡杂交而来，可用白来航鸡快羽系作父系，褐壳蛋鸡慢羽系作母系，形成羽速自别雌雄配套系，也可用褐壳蛋鸡快羽父系和白来航慢羽母系杂交生产自别雌雄商品鸡。如雅康蛋鸡、星杂 444 等。

著名商品代蛋鸡的主要生产性能见表 2-2-1。

表 2-2-1　著名商品代蛋鸡的主要生产性能

鸡种	壳色	50%开产日龄	72 周龄入舍鸡产蛋量/枚	平均蛋重/g	料蛋比	产蛋期存活率/%
京白 938	白色	160	287.5	63	2.49∶1	94
海兰 W-36	白色	155	285～310	63	1.97∶1	92
伊莎褐	褐色	168	285	64	2.3∶1	93
迪卡褐	褐色	157	305	65	2.35∶1	95
罗曼褐	褐色	155	290	64	2.35∶1	95
海赛克斯褐	褐色	145	299	63.2	2.24∶1	94.2
雅康蛋鸡	粉色	161	272.5	62		93
星杂 444	粉色	157	272.5	63.6	2.53∶1	92
新杨蛋鸡	绿色	161	237.5	49.4		
三凰蛋鸡	绿色	152	197.5	52.5	2.3∶1	

2. 肉鸡系

(1)白羽肉鸡　现代白羽肉用型鸡，其父系均来源于白科尼什，母系主要是白洛克。白羽肉鸡是目前世界上生长最迅速、饲料报酬最高的肉鸡。目前，引入我国的白羽肉鸡主要有爱拔益加肉鸡、艾维茵肉鸡、罗斯肉鸡、罗曼肉鸡等。

(2)红羽肉鸡　红羽肉鸡也是生长迅速的肉用型鸡，父系均来源于红科尼什，生长迅速，体形较大，羽色为红羽，黄脚，如红布罗肉鸡、狄高肉鸡、伊莎肉鸡等。

著名商品代肉鸡的主要生产性能见表 2-2-2。

表 2-2-2 著名商品代肉鸡的主要生产性能

鸡种	42 日龄		49 日龄		56 日龄	
	体重/kg	料肉比	体重/kg	料肉比	体重/kg	料肉比
爱拔益加肉鸡	1.78	1.74	2.45	1.91	2.91	2.09
艾维茵肉鸡	1.86	1.85	2.29	1.97	2.72	2.12
红布罗肉鸡	1.59	1.84	1.95	1.96	2.32	2.08
狄高肉鸡	1.82	1.84	2.24	1.96	2.66	2.09
罗斯肉鸡	1.67	1.89	2.09	2.01	2.2	2.15
罗曼肉鸡	1.6	1.9	2.1	2.04	2.35	2.2
伊莎肉鸡	1.75	1.84	2.15	1.98	2.55	2.12

二、鸭的品种识别

1. 北京鸭(图 2-2-21) 产于北京，属肉用型品种。外形匀称，头较大，颈粗短，背宽体长，胸深丰满，腹圆，尾短而翘。母鸭腹部丰满，脚粗短，蹼宽而厚。全身羽毛洁白，喙、脚为橘红色，虹彩蓝灰色，初生雏鸭绒毛金黄色，称为“鸭黄”。5～6 月龄开产，年产蛋 180～220 枚，平均蛋重 93 g。成年公鸭体重约 3.5 kg，母鸭约 3.4 kg。

图 2-2-21 北京鸭

2. 樱桃谷鸭(图 2-2-22) 产于英国，属肉用型品种。全身羽毛白色，少数有零星黑色杂羽。喙、胫、蹼都是橘红色。体形硕大，体躯呈长方形。公鸭头大，颈粗短，脚较短。6 月龄开产，年产蛋 210～220 枚，平均蛋重 90 g。成年公鸭体重约 4.3 kg，母鸭约 3.7 kg。

图 2-2-22　樱桃谷鸭

3. 绍兴鸭(图 2-2-23)　产于浙江绍兴,属蛋用型品种。母鸭有两种羽色——红毛绿翼梢和带圈白翼梢。前者母鸭以红棕色麻羽为主,性情温驯,适于圈养。后者以棕黄麻色为主,颈中部有 2～4 cm 宽的白色羽环。公鸭羽毛较深,主翼羽、尾羽及头颈部羽毛带墨绿色光泽。4～5 月龄开产,年产蛋 250～290 枚,平均蛋重 68 g。成年公鸭体重约 1.43 kg,母鸭约 1.27 kg。

图 2-2-23　绍兴鸭

4. 金定鸭(图 2-2-24)　产于闽南,属蛋用型品种。体格中等,体躯较长,外形清秀,体形轻小而结实。头部和颈上部羽毛具有翠绿色光泽,无明显白羽颈环,胸部棕色。脚、胫橘红色,爪黑色。3.5～4 月龄开产,年产蛋 260～300 枚,平均蛋重 72 g。成年公鸭体重约 1.76 kg,母鸭约 1.73 kg。

5. 康贝尔鸭(图 2-2-25)　产于英国,属蛋用型品种。公鸭头、颈、尾部羽毛为古铜色,其余部位羽毛为茶褐色(卡其色);母鸭头、颈部羽毛为深褐色,其余部位为茶褐色。公鸭的喙墨绿色,胫、蹼橘红色;母鸭的喙浅褐色或浅绿色,胫、蹼黄褐色。

4～4.5 月龄开产，年产蛋 280～300 枚，平均蛋重 70 g。成年公鸭体重约 2.4 kg，母鸭约 2.2 kg。

图 2-2-24 金定鸭

图 2-2-25 康贝尔鸭

6. 高邮鸭（图 2-2-26） 产于江苏高邮，属兼用型品种。公鸭的头部及颈上均为深绿色，背、腰为褐色花毛，前胸棕色，腹部白色，喙淡青色，俗称“乌头白裆青嘴公”。母鸭为米黄色麻雀羽色毛。3.5～4.5 月龄开产，年产蛋 140～160 枚，平均蛋

图 2-2-26 高邮鸭

重 75.9 g。成年公鸭体重约 2.36 kg,母鸭约 2.62 kg。

7. 建昌鸭(图 2-2-27) 产于四川凉山,属兼用型品种。体躯宽阔,头大颈粗。公鸭头、颈上部羽毛墨绿色,具光泽,前胸及鞍羽红褐色,腹部羽毛银灰色,尾羽黑色,喙墨绿色,故有"绿头红胸银肚青嘴公"的描述。母鸭羽毛浅褐色,麻雀羽居多。5～6 月龄开产,年产蛋 144 枚左右,平均蛋重 72.9 g。成年公鸭体重约 2.41 kg,母鸭约 2.04 kg。

图 2-2-27 建昌鸭

三、鹅的品种识别

1. 籽鹅(图 2-2-28) 产于黑龙江,属小型鹅。全身羽毛洁白,颈细长,无咽袋或偶有咽袋,头顶有缨状头髻,头上额包较小,眼虹彩为灰色。腹部不下垂,喙、胫及蹼皆为橙黄色。6 月龄开产,年产蛋 100 枚左右,平均蛋重 131 g。成年公鹅体重约 4.5 kg,母鹅约 3.5 kg。

图 2-2-28 籽鹅

2. 豁鹅(图 2-2-29) 产于山东莱阳,属小型鹅。全身羽毛白色,体形小而紧凑,体躯呈长方形,背平宽,腹部略下垂。鹅头较小,额包不大,眼呈三角形。喙、额包、蹼呈橘黄色,眼睑呈淡黄色,虹彩呈蓝灰色。7～8 月龄开产,年产蛋 100 枚左右,平均蛋重 125 g。成年公鹅体重约 4.1 kg,母鹅约 3.5 kg。

图 2-2-29 豁鹅

3. 太湖鹅(图 2-2-30) 产于江苏太湖,属小型鹅。除眼梢、头颈、腰背部有少量灰褐色斑点外,全身羽毛皆为白色。喙、胫、蹼均为橘红色,额包姜黄色,眼睑浅黄色,虹彩灰蓝色。胫细长,无咽袋。5～6 月龄开产,年产蛋 60～80 枚,平均蛋重 125 g。成年公鹅体重约 4.4 kg,母鹅约 3.5 kg。

图 2-2-30 太湖鹅

4. 雁鹅(图 2-2-31) 产于安徽六安,属中型鹅。头部圆形略方,有黑色额包,呈桃形或半球形。喙黑色,胫、蹼多为橘红色,爪黑色。体躯呈长方形,胸深广,背宽平，有腹褶，个别鹅颌下有小咽袋。成年鹅羽毛呈灰褐色或深褐色，颈的背侧有一条明显的灰褐色羽带。7～8月龄开产，年产蛋25～35枚，平均蛋重150 g。成年公鹅体重约6.0 kg，母鹅约4.7 kg。

图 2-2-31 雁鹅

5.皖西白鹅(图 2-2-32) 产于安徽西部，属中型鹅。体形中等，头顶有橘黄色额包，公鹅体躯略长，母鹅呈圆形。胸部丰满，体态高昂。全身羽毛白色，喙橙黄色，胫、蹼橘黄色。有少数鹅颌下有咽袋，少数个体顶部有顶心毛。6～9月龄开产，年产蛋25枚左右，平均蛋重142 g。成年公鹅体重约6.0 kg，母鹅约5.2 kg。

图 2-2-32 皖西白鹅

6.四川白鹅(图 2-2-33) 产于四川温江，属中型鹅。全身羽毛洁白，喙橘黄色，胫、蹼橘红色，虹彩蓝灰色。公鹅体形较大，头颈稍粗，额部有一半圆形的橘黄色额包;母鹅头清秀,颈细长,额包不太明显。7月龄开产,年产蛋60～80枚,平均蛋重146 g。成年公鹅体重约5.0 kg,母鹅约4.7 kg。

图 2-2-33 四川白鹅

7. 狮头鹅(图2-2-34) 产于广东饶平,属大型鹅。体形硕大,体躯呈方形,头大颈粗,前躯略高。额包发达,向前突出,覆盖于喙上。喙短,质坚实,黑色。胫粗蹼宽,胫、蹼都为橙红色,有黑斑。背面羽毛、前胸羽毛及翼羽均为棕褐色,腹面的羽毛白色或灰白色。7月龄开产,年产蛋25～35枚,平均蛋重200 g。成年公鹅体重约9.0 kg,母鹅约8.0 kg。

图 2-2-34 狮头鹅

8. 朗德鹅(图2-2-35) 产于法国,属大型鹅。体形大,背宽胸深,腹部下垂,喙尖而短,颈粗短。全身羽毛灰褐色,背部羽色较深,接近黑色;胸部毛色较浅,呈银灰色;腹部羽毛乳白色。7月龄开产,年产蛋35～40枚,平均蛋重190 g。成年公鹅体重约7.5 kg,母鹅约6.5 kg。

9. 莱茵鹅(图2-2-36) 产于法国,属中型鹅。体形中等偏小,全身羽毛洁白,喙、跖、蹼呈橘黄色,初生雏绒毛灰白色,随着生长周龄增加而逐渐变化,至6周龄时变为白色羽毛。7～8 月龄开产,年产蛋 50～60 枚,平均蛋重 170 g。成年公鹅体重约 5.5 kg,母鹅约 4.7 kg。

图 2-2-35 朗德鹅

图 2-2-36 莱茵鹅

【技能训练】

使用图片或实物对家禽的品种进行识别,说出各品种的特点。

项目三　种 蛋 管 理

种蛋的质量对孵化率和健雏率均有很大影响,不合格的蛋不能用来孵化。种蛋管理是家禽孵化的前提保障,是提高孵化率的首要条件。因此,在生产中应重视种蛋管理工作,科学合理地妥善管理种蛋。

任务一　蛋的结构观察与蛋品质分析

【知识目标】

掌握蛋的结构,畸形蛋的种类及其形成原因。

【能力目标】

能对常见的畸形蛋进行分析,找出其形成的原因。

【材料和用具】

禽蛋及多媒体教学系统。

【内容和方法】

一、禽蛋的结构

禽蛋的结构由内向外可分为胚盘(胚珠)、蛋黄、蛋白、蛋壳膜和蛋壳五个部分(图 3-1-1)。

(一)胚盘(胚珠)

蛋黄上部有一小白色圆斑,在未受精时,圆斑呈云雾状,称为胚珠,直径 1.6～3.0 mm;在受精后,圆斑有明暗区之分,外观上中央呈透明状,称为明区,周围颜色较暗不透明为暗区,称为胚盘,直径 3.0～5.0 mm。

胚盘是胚胎发育的原基。两者的区别,是判断蛋是否受精的标志。

(二)蛋黄

蛋黄位于蛋的中央,其外有蛋黄膜包围而呈球形。蛋黄膜破裂就会造成蛋的"散黄"现象。

蛋黄可以为胚胎发育提供营养。

蛋黄似为一色,其实是由黄蛋黄层和白蛋黄层交替形成深浅不同的同心圆状排列。这是由于禽昼夜代谢率不同所致,其分明程度随日粮中所含叶黄素与类胡萝卜素的含量而异。浅黄色蛋黄一般仅占全蛋黄的 5%左右。

(三)蛋白

蛋白是一种透明胶体物质,占蛋重的 45%～60%,紧包着蛋黄。按其成分和黏性,由内向外依次为:内浓蛋白层,亦称系带膜状层,加上与之连为一体的两端系带,约占 2.7%;内稀蛋白层,约占 16.8%;外浓蛋白层,约占 57.2%;外稀蛋白层,贴附在蛋白膜上,占整个蛋白的 23.3%。在蛋黄两端附有螺旋状系带,具有保护胚盘的作用。

蛋白供给胚胎发育所需的大部分营养物质。

(四)蛋壳膜

蛋壳里面有两层蛋壳膜,紧贴蛋壳的一层叫外壳膜,紧贴蛋白的一层叫内壳

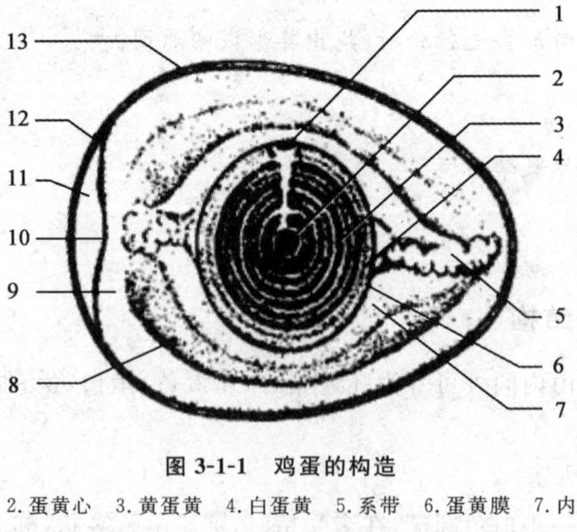

图 3-1-1 鸡蛋的构造

1.胚盘 2.蛋黄心 3.黄蛋黄 4.白蛋黄 5.系带 6.蛋黄膜 7.内稀蛋白 8.外浓蛋白 9.外稀蛋白 10.内壳膜 11.气室 12.外壳膜 13.蛋壳

膜。未产出的蛋，其两层膜是紧贴在一起的。蛋离体后，由于外界温度低于鸡的体温，蛋的内容物收缩，两层膜多在蛋的钝端分开，形成一个双凸透镜似的空间，称为气室。气室的大小与有无是衡量蛋新鲜与否的标志。在蛋的孵化过程中，气室随胚龄增加而日渐增大。

蛋壳膜具有防止水分过度蒸发和阻止微生物侵入的作用。

（五）蛋壳

蛋壳位于蛋的最外层，厚度一般为0.2～0.4 mm。蛋壳上密布孔隙，称为气孔，气孔外大内小，是禽胚发育时与外界气体交换的通道。

蛋壳外还有一层极薄的水溶性胶护膜，其主要化学组成为糖蛋白，水洗、受潮或机械摩擦均易使其脱落。

蛋壳的主要成分为碳酸钙，供给胚胎发育所需的钙。同时蛋壳可阻止蛋内水分蒸发，防止外界微生物的侵入。

二、禽蛋的形成

禽蛋是在成熟的母禽生殖道内形成并排出体外的。

（一）母禽的生殖系统

母禽的生殖系统主要包括卵巢和输卵管两部分（图3-1-2）。

1. 卵巢　有数百万枚卵泡，但其中仅有少数能成熟排卵。卵泡上有许多血管，自卵巢上送来营养供卵子成长发育。卵泡成熟后，自卵泡缝痕破裂排出卵子，排出的卵子在未形成蛋前叫卵黄，形成蛋后叫蛋黄。

2. 输卵管　包括伞部、膨大部（蛋白分泌部）、峡部、子宫部及阴道部。

（二）禽蛋的形成过程

1. 进入输卵管伞部　卵泡成熟排出卵黄后，立即被输卵管伞部纳入，并在此处与进入输卵管的精子结合形成受精卵。这一过程约经30 min。

2. 进入输卵管膨大部　这里有很多腺体，分泌蛋白，包围卵黄。由于输卵管蠕动作用，推动卵黄在输卵管内旋转前进。引起浓蛋白扭转而形成系带。卵在蛋白分泌部停留约3 h。

3. 进入输卵管峡部　在此处分泌形成内外蛋壳膜，同时渗入少量的水分。卵在峡部停留约75 min。

4. 进入输卵管子宫部　由于渗入子宫液，使蛋白的重量增加1倍，同时使蛋壳膜鼓胀而形成蛋的形状。随后在蛋壳膜上沉积蛋壳和色素。以碳酸钙为主要成分

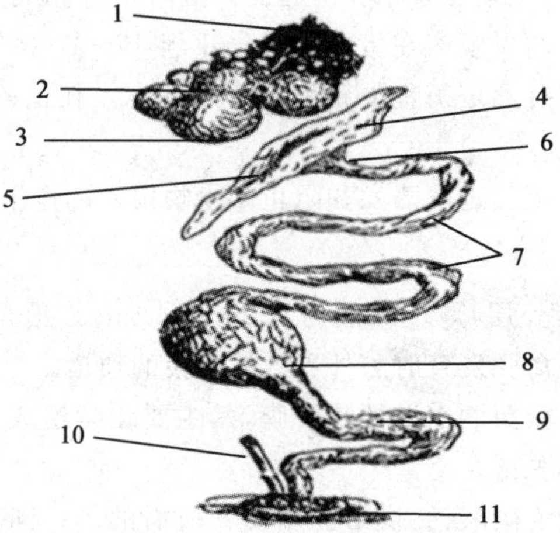

图 3-1-2 母禽生殖器官

1.卵巢 2.发育中的卵泡 3.成熟的卵泡 4.伞部 5.伞部入口 6.伞部的颈部 7.膨大部 8.峡部 9.子宫部 10.退化的右侧输卵管 11.泄殖腔

的硬质蛋壳和壳上胶护膜都是在离开子宫前形成的。蛋在子宫部停留的时间最长(18～20 h),在子宫部已形成完整的禽蛋。

5.进入输卵管阴道部 蛋到达阴道部,停留 20～30 min,在神经和激素的调节作用下,子宫肌肉收缩,使禽蛋自阴道产出。

三、常见的畸形蛋及其形成原因

常见的畸形蛋有双黄蛋(或多黄蛋)、无黄蛋、软壳蛋(或无壳蛋)、异物蛋、异形蛋、蛋包蛋等,形成原因见表 3-1-1。

表 3-1-1 畸形蛋的种类及形成原因

种类	表现	形成原因
双黄蛋	蛋特大,每个蛋有两个蛋黄	两个卵黄同时排出,一个成熟,另一个尚未成熟。由于母禽受惊或物理压迫,使卵泡破裂,提前与成熟的卵一同排出
无黄蛋	蛋特小,无蛋黄	蛋白分泌部机能旺盛,出现浓蛋白凝块,卵巢出血的血块等
软壳蛋(或无壳蛋)	无硬蛋壳,只有壳膜	缺乏钙、磷、维生素 D,病理原因,子宫机能失常,输卵管内寄生蛋蛭,母禽受惊,用药不当或疫苗使用不当

续表 3-1-1

种类	表现	形成原因
异物蛋	蛋中有血块、肉斑等	卵巢出血，卵泡脱落随卵黄进入输卵管，有寄生虫等
异形蛋	长形、扁形、腰鼓形、皱纹及砂壳	输卵管机能失常，子宫机能失调或反常收缩
蛋包蛋	蛋特大，破壳后内有一正常蛋	蛋形成后产出前，母禽受惊或某些生理反常，导致输卵管逆蠕动

【技能训练】

观察禽蛋的结构，说出各结构的特点及功能。

运用所学知识，对禽蛋的品质进行分析。

任务二　种蛋的选择、消毒与储运

【知识目标】

掌握种蛋的选择方法，掌握种蛋的消毒方法，掌握种蛋的储存及运输方法。

【能力目标】

能熟练进行种蛋的选择、消毒和储运。

【材料和用具】

禽蛋及多媒体教学系统。

【内容和方法】

一、种蛋的选择

科学地选择种蛋是家禽孵化质量与禽场产品品质的保证，一般按照以下方法进行种蛋选择。

（一）外观选择法

1. 种蛋的来源　种蛋应来自生产性能高、无垂直传播疾病、受精率高、饲喂营养全面的饲料、管理良好的种鸡群。

2. 清洁度　合格的种蛋表面应清洁。沾有粪便或蛋液的种蛋孵化效果较差，而且还会污染其他正常的种蛋(图 3-2-1)。轻度污染的种蛋需要经过擦拭和消毒才能进行孵化。

3. 蛋的大小　合格的种蛋大小应符合本品种标准，一般蛋用鸡种蛋要求蛋重为 50～65 g，肉用鸡种蛋为 52～68 g，过大过小的蛋不宜做种蛋(图 3-2-2)。

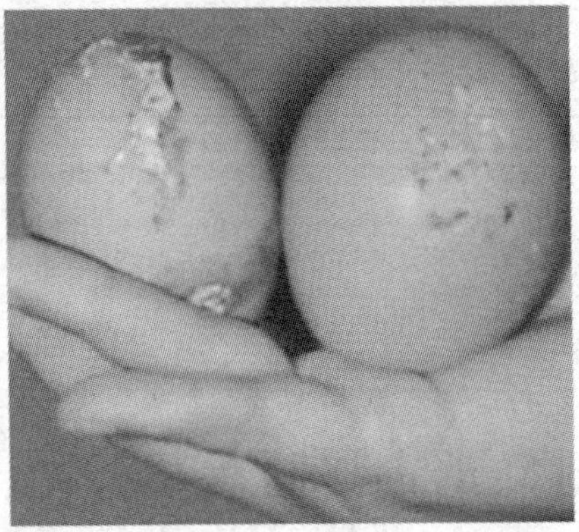

图 3-2-1　脏蛋

图 3-2-2　蛋的大小比较

（中间为标准大小，左边过大，右边过小）

4. 蛋的形状　合格的种蛋蛋形应为卵圆形，蛋形指数为 0.72～0.75，以 0.74 为最好，过长、过短或过圆的蛋不宜做种蛋(图 3-2-3)。

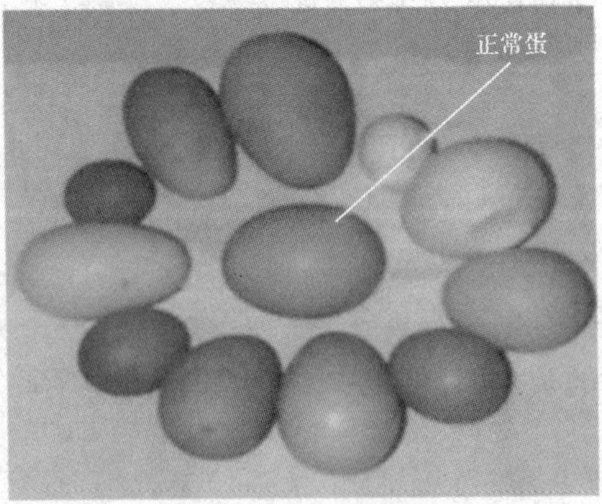

图 3-2-3　蛋形比较

5. 蛋壳颜色与质地　合格的种蛋颜色应符合本品种标准，壳厚在0.22～0.34 mm最好。由于疾病或饲料营养等因素造成的蛋壳颜色突然变浅应千万注意，暂停留种蛋。剔除钢皮蛋、薄皮蛋、砂皮蛋、皱纹蛋。

(二)透视法

采用照蛋器，检查种蛋的气室大小、位置，蛋壳质地，蛋内血块、肉斑等情况，可更准确地进行蛋的品质判定。

(三)抽样剖检法

通过抽样剖检，进一步判定种蛋内部品质。

二、种蛋的消毒

虽然种蛋有胶护膜、蛋壳和内外壳膜等几道自然屏障，但都不具备抗菌性能，所以细菌仍可进入蛋内，降低孵化率和影响雏鸡质量。因此，必须对种蛋进行认真消毒。

1. 消毒时间　一般在禽蛋产出后立刻消毒，入孵前进行第二次消毒。

2. 消毒方法　种蛋消毒方法很多，但以福尔马林熏蒸法较为方便有效，是目前最常用的方法。

(1)福尔马林熏蒸消毒法　福尔马林熏蒸消毒法消毒效果好，操作简便。对清洁度较差或外购的种蛋，每立方米用30 mL福尔马林、15 g高锰酸钾，在温度20～26℃、相对湿度60%～70%的条件下，密闭熏蒸30 min。

(2)过氧乙酸熏蒸消毒法　过氧乙酸是一种高效、快速、广谱消毒剂。消毒种蛋时，采用16%过氧乙酸溶液40～60 mL，加高锰酸钾4～6 g，熏蒸15 min。

(3)新洁尔灭消毒法　以1∶1 000溶液喷洒于种蛋表面或在40～45℃的溶液中浸泡3 min。

(4)碘液消毒法　将种蛋放置于0.1%的碘溶液内，浸泡0.5～1 min。

(5)紫外线照射消毒法　将种蛋放置在距离紫外线光源40 cm处，照射1 min，再从背面照射一次。

3. 消毒场所　在进种蛋贮存室前，在消毒柜或消毒室中进行第一次消毒；入孵后在孵化器中进行第二次消毒；移盘后在出雏器中进行第三次消毒。

4. 种蛋消毒的注意事项

(1)种蛋在孵化器里用福尔马林消毒时，应避开24～96 h胚龄的时间。

(2)福尔马林与高锰酸钾的化学反应很剧烈，所以先加少量温水，再加高锰酸钾，最后加福尔马林，注意不要伤及皮肤和眼睛。

(3)种蛋从贮存室取出后，在蛋壳上会凝有水珠，应让水珠蒸发后再消毒，否则对胚胎不利。

(4)福尔马林溶液挥发性很强，要随用随取。

三、种蛋的储运

(一)种蛋的储存

种蛋储存室应该隔热性能好(防冻、防热)，清洁卫生，防尘沙、防蚊蝇和老鼠，避免阳光直射。

1.种蛋保存的适宜温度　种蛋保存的适宜温度为 15～18℃。若储存期在 1 周以内，以 15～16℃为宜；储存期超过 1 周，则以 12℃为宜。当环境温度偏高，但不是胚胎发育的适宜温度时，会造成胚胎发育的不完全和不稳定，容易引起胚胎早期死亡。当环境温度长时间偏低时，如 0℃，虽然胚胎发育处于静止状态，但是胚胎活力严重下降，甚至死亡。

2.种蛋保存的湿度　一般相对湿度保持在 70%～80%，这样既能明显降低蛋内水分的蒸发，又可防止生霉。

3.保存时间　一般种蛋保存以 3～5 天为宜，不要超过 2 周。如果没有适宜的保存条件，应缩短保存时间。温度在 25℃以上时，种蛋保存最多不超过 5 天。温度超过 30℃时，种蛋应在 3 天内入孵。储存期 1 周以内不必翻蛋，超过 1 周，每天翻蛋 1～2 次。

4.保存期间的注意事项　种蛋保存超过 2 周，更要注意翻蛋。种蛋保存，一般大头向上存放。后经试验发现，种蛋小头向上存放能提高孵化率。所以种蛋保存超过 1 周，可以采用种蛋小头向上不翻蛋的存放方法。

(二)种蛋的运输

1.种蛋的包装　为确保种蛋的质量，最好用特制的纸箱和蛋托包装种蛋(图 3-2-4)。

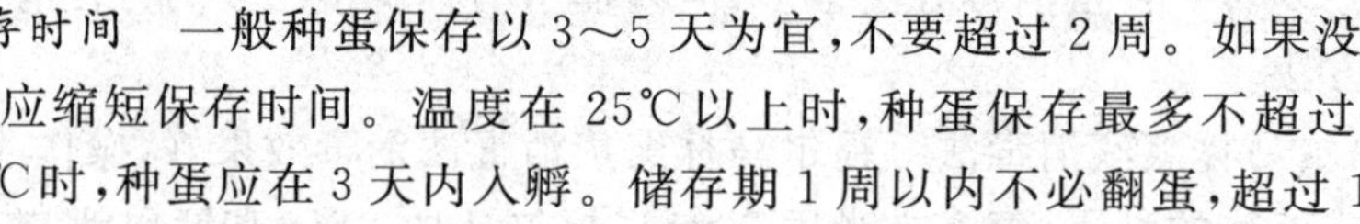

图 3-2-4　种蛋的包装

2. 种蛋的运输　要选择快速平稳的运输工具，且要做好消毒和清洁工作。要避免阳光暴晒，防止雨淋。

【技能训练】

运用所学知识，对种蛋进行选择与消毒。

项目四　人工孵化技术

家禽是卵生动物，其胚胎发育主要依靠种蛋内部的营养物质和合适的外界条件。人工孵化是为家禽胚胎发育创造合适的外界条件，获得大量品质优良的雏禽。孵化技术是家禽生产中的重要环节，是家禽饲养的基础。

任务一　孵化机的构造及孵化操作

【知识目标】

掌握孵化机的构造与使用方法。

掌握孵化操作的基本流程。

【能力目标】

会使用孵化机进行正确的孵化操作。

【材料和用具】

电孵化机、种蛋及多媒体教学系统。

【内容和方法】

一、孵化机的类型及构造

(一)孵化机的类型

1. 平面孵化机　平面孵化机有单层和多层之分，多采用电热管供温、棒状双金属片或水银电接点温度计等自动控温，也设有自动翻蛋装置和均温风扇。此类型孵化机孵化量少，现在一般在珍禽种蛋的孵化或教学科研上使用。

2. 立体孵化机　根据箱体结构可分箱式孵化机(图 1-1-4)和巷道式孵化机(图 1-1-5)两大类。

(1)箱式孵化机　根据蛋架结构又可分为蛋盘架式(图 4-1-1)和蛋架车式(图 4-1-2)两种。目前多采用蛋架车式电孵箱,蛋架车可以直接到蛋库装蛋,消毒后推入孵化机,减少了种蛋的装卸次数。

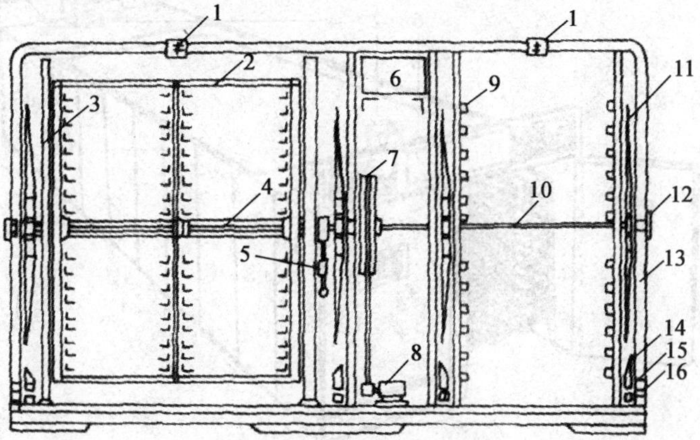

图 4-1-1　蛋盘架式孵化机

1. 空气调节器　2. 承蛋盘架　3. 支架　4. 中心管　5. 翻蛋蜗　6. 水箱　7. 皮带轮　8. 电动机　9. 蛋盘滑轨　10. 轴　11. 均温叶板　12. 轴承　13. 机体　14. 电热器　15. 水分蒸发器　16. 预热器

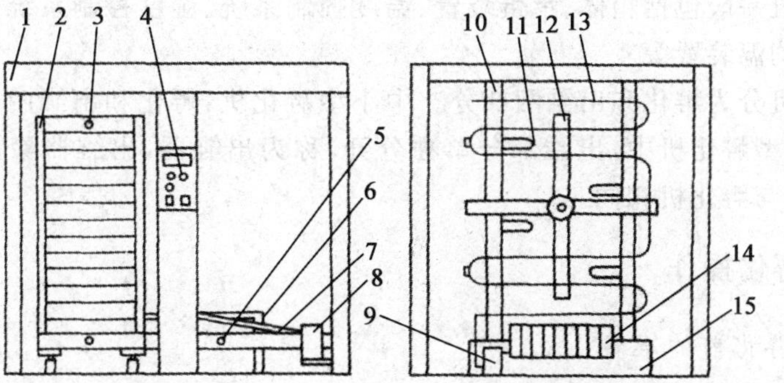

图 4-1-2　蛋架车式孵化机

1. 箱体　2. 蛋架车　3. 销钉　4. 控制面板　5. 销孔　6. 双摆杆机构　7. 曲柄连杆机构　8. 减速机　9. 泵　10. 支架　11. 加热器　12. 风扇　13. 冷却器　14. 加湿器　15. 水箱

(2)巷道式孵化机(图 4-1-3)　巷道式孵化机由多台箱式孵化机组合连体拼装,装配有空气搅拌和导热系统,容蛋量一般在 7 万枚以上。使用时将种蛋码盘放在蛋架车上,经消毒、预热后按一定轨道依次推入巷道内,18～19 天后转入出雏器。

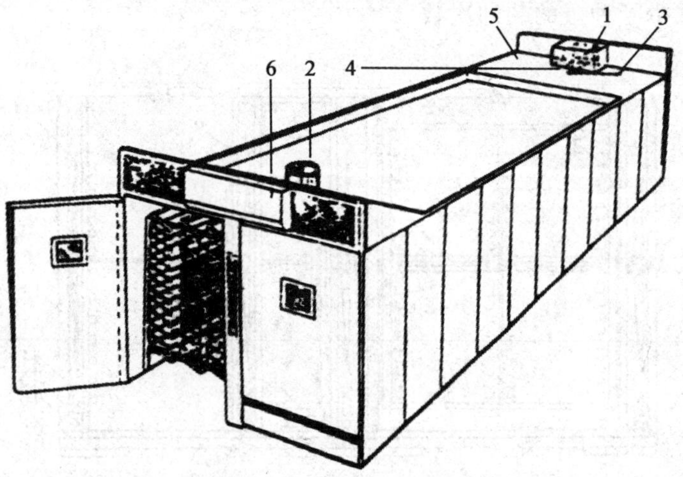

图 4-1-3　巷道式孵化机

1.进气孔　2.出气孔　3.冷却水入口　4.供湿孔　5.压缩空气　6.电控部分

(二)孵化机的构造

孵化机一般包括箱体、承蛋装置、温度控制系统、湿度控制系统、通风系统、翻蛋装置和均温装置等。

孵化机分为孵化和出雏两部分。中小型孵化机,孵化和出雏两部分在同一机体内;而大型孵化机中,出雏部分单独分开,称为出雏器,出雏器除没有翻蛋装置外,其他均与孵化机相同。

二、孵化操作

(一)孵化前的准备

孵化前根据具体情况先制订好孵化计划,安排好孵化进程,准备孵化用品。

1.消毒

(1)孵化室的地面、墙壁、天棚均应彻底消毒。

(2)孵化机内清洗→消毒液喷雾或擦拭→熏蒸。

(3)蛋盘和出雏盘彻底浸泡清洗→消毒液浸泡。

2.设备检修调试　正式孵化前1～2周要检修好孵化机，而后校对好温度计，试机运转1～2天，无异常时方可入孵。

3.种蛋预热　由贮存室移至22～25℃的孵化室，预热6～12 h。

（二）上蛋操作

（1）码盘时钝端向上，鸭鹅蛋以倾斜45°或横放为好。

（2）标记蛋盘（车）编号、品种（系）、入孵日期、批次等。

（3）上蛋后与种蛋一起熏蒸消毒。

（4）填写孵化进程表，内容包括入孵、照检、移盘和出雏日期等。

（三）日常管理

1.温度及控制　一般情况下，鸡蛋的孵化温度保持在37.8℃左右，单独出雏的出雏器温度保持在37.3℃左右较为理想（表4-1-1）。一般每隔1～2 h检查并记录一次孵化温度，温度不稳时应及时调整。

表4-1-1　鸡、鸭、鹅蛋的孵化温度　℃

禽的类型	室温	孵化机内温度					出雏器内温度
		恒温（分批）	变温（整批）				
		第1～17天	第1～5天	第6～12天	第13～17天		第18～20.5天
鸡	18.3	38.3	38.9	38.3	37.8		37.3左右
	23.9	38.1	38.6	38.1	37.5		
	29.4	37.8	38.3	37.8	37.2		
	32.2～35.0	37.2	37.8	37.2	36.7		
鹅		第1～25天	第1～7天	第8～16天	第17～25天		第26～30.5天
	18.3	37.5	38.1	37.5	36.9		36.4左右
	23.9	37.2	37.8	37.2	36.7		
	29.4	36.9	37.5	36.9	36.4		
	32.2～35.0	36.4	36.9	36.4	35.8		
蛋鸭		第1～23天	第1～5天	第6～11天	第12～16天	第17～23天	第24～28天
	23.9～29.4	38.1	38.3	38.1	37.8	37.5	37.2
	29.4～32.2	37.8	38.1	37.8	37.5	37.2	36.9
大型肉鸭		第1～23天	第1～5天	第6～11天	第12～16天	第17～23天	第24～28天
	23.9～29.4	37.8	38.1	37.8	37.5	37.2	36.9
	29.4～32.2	37.5	37.8	37.5	37.2	36.9	36.7

2.湿度及控制　分批入孵时，孵化机内的相对湿度应保持在50%～60%，出雏器内为60%～70%。整批入孵时，应掌握“两头高、中间低”的原则。无自动调节装置的注意增减水盘。

3.通风换气　在正常通风条件下，孵化器内氧气含量不能低于21%，CO_2含量控制在0.5%以下。正确控制好孵化器的通风，是提高孵化率的重要措施。定期检查进出气孔的开闭程度。

4.检查翻蛋操作　自动翻蛋注意每次翻蛋时间和角度；无自动翻蛋，定时手工翻蛋，动作要轻，留意蛋盘架是否平稳。

（四）照蛋

整个孵化期中通常照蛋2～3次。

头照：在入孵后第5～6天进行，主要任务是捡出无精蛋和死胚蛋，观察胚胎发育情况（图4-1-4）。

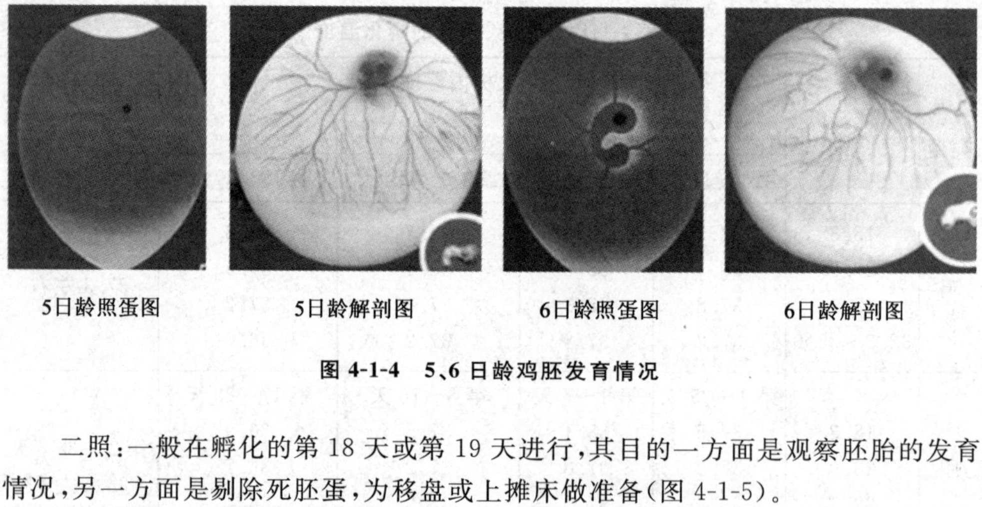

5日龄照蛋图　5日龄解剖图　6日龄照蛋图　6日龄解剖图

图4-1-4　5、6日龄鸡胚发育情况

二照：一般在孵化的第18天或第19天进行，其目的一方面是观察胚胎的发育情况，另一方面是剔除死胚蛋，为移盘或上摊床做准备（图4-1-5）。

中间抽检：有时在孵化的第10～11天抽检尿囊血管在蛋小头的合拢（背面尿囊血管伸展在小头合拢，整个蛋除气室外都布满了血管，俗称“合拢”）情况，以判定孵化温度的高低（图4-1-6）。

（五）凉蛋

鸭、鹅蛋孵化时通常要凉蛋。一般鸭蛋从孵化第13～14天起，鹅蛋从孵化第15天起开始凉蛋。鸡蛋孵化时是否凉蛋，应视孵化器的性能、孵化制度和孵化季节等灵活掌握。

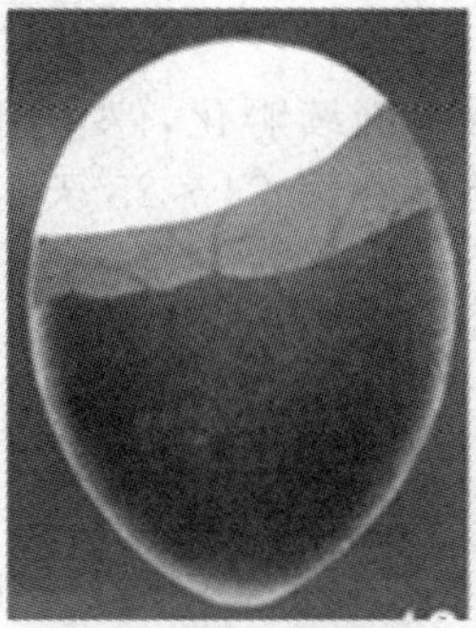
18日龄照蛋图

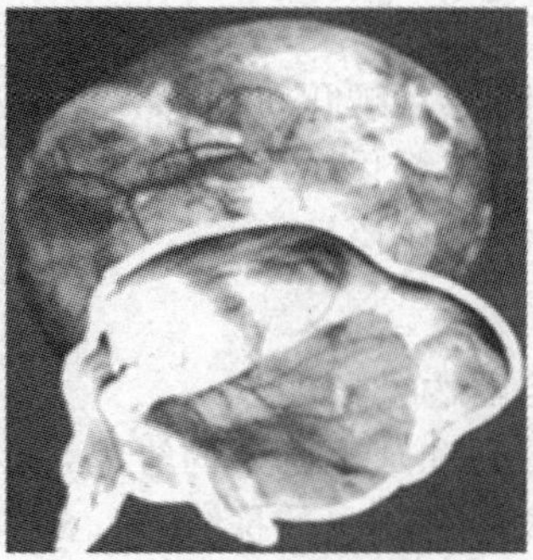
18日龄解剖图

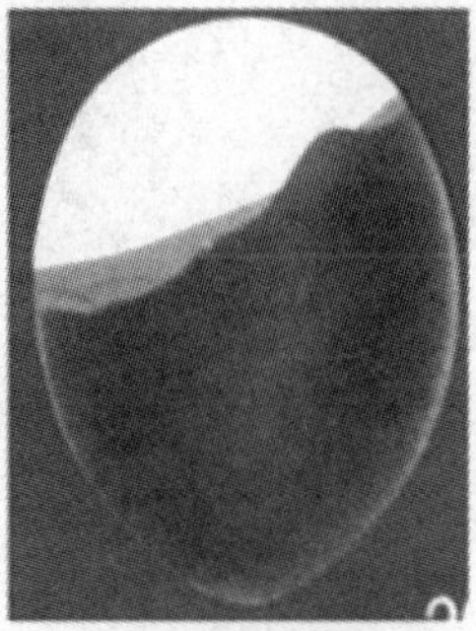
19日龄照蛋图

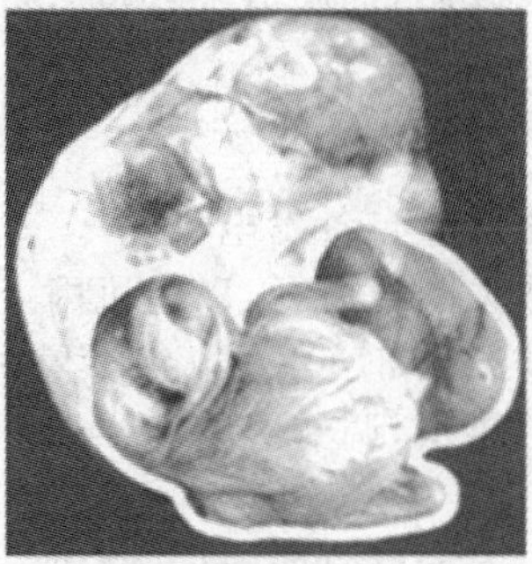
19日龄解剖图

图 4-1-5 18、19 日龄鸡胚发育情况

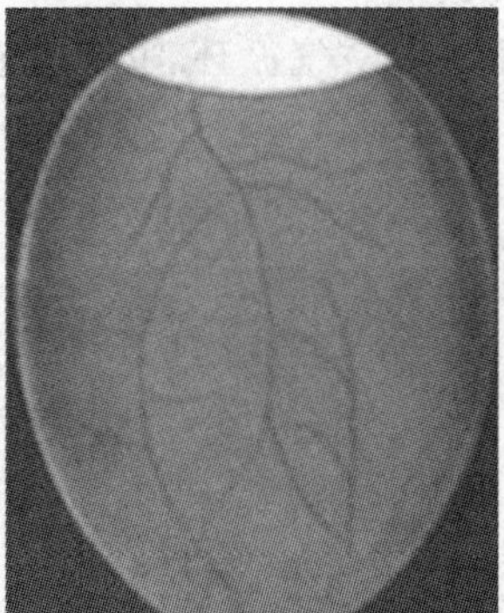
10日龄照蛋图

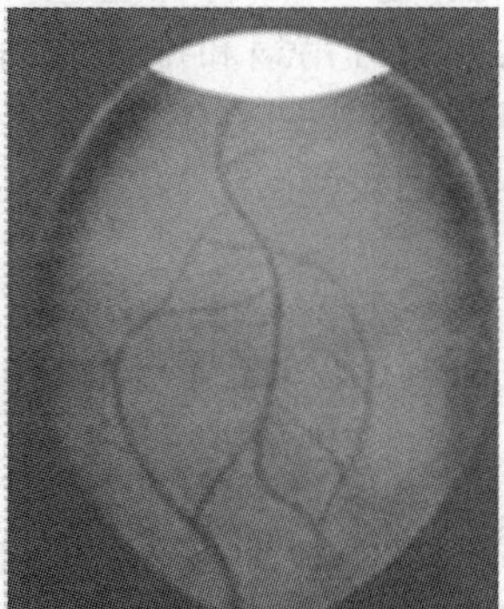
11日龄照蛋图

图 4-1-6 10、11 日龄鸡胚发育情况

（六）移盘

移盘就是将胚蛋从孵化机内移入出雏器内继续孵化，停止翻蛋，提高湿度，准备出雏。一般鸡蛋在孵化的第18～19天、鸭蛋在第24～25天、鹅蛋在第26～27天时进行。移盘的动作要轻、稳、快。

（七）出雏及助产

(1)关闭出雏器内的照明灯。

(2)拣出空蛋壳和绒毛已干的雏鸡，但不可经常打开机门。

(3)雏鸡一般都是一次性拣雏；鸭、鹅需要多次拣雏甚至人工助产。

(4)如气候干燥，孵化室地面应经常洒水。

(5)出雏结束以后，彻底清洗、消毒，备用。

（八）常见故障应急处理

1.停电

(1)大型孵化厂应自备发电机。

(2)不可立即关闭通风孔，以免机内上部的蛋过热。

(3)孵化室升温到37℃左右(短时停电不必升温)，打开机门，手动翻蛋。

(4)地面喷洒热水，调节湿度。

2.孵化机故障

(1)短时间内不能修复的，另开空机。

(2)如果出现故障时胚蛋已超过10天，可直接转入出雏器，并将出雏器温度调整到原来的孵化温度。

(3)如果出现故障时胚蛋在10天以内，可将孵化10天以上的另一台孵化机内的胚蛋转入出雏器，将故障机内的胚蛋转入该机。

3.雏鸡窒息　打开吊扇和排气扇，加速室内空气循环，并迅速疏散出雏器内的雏鸡，按窒息程度将雏鸡分类存放，然后放在37.2℃、相对湿度70%的出雏器中，待恢复正常后取出即可。

【技能训练】

运用所学知识，使用电孵化机孵化种蛋。

任务二　家禽胚胎生物学检查

【知识目标】

掌握家禽胚胎发育情况。

【能力目标】

掌握胚胎生物学检查方法。

【材料和用具】

处于孵化期的种蛋及多媒体教学系统。

【内容和方法】

一、禽蛋的孵化期

禽蛋的孵化期是指家禽胚胎在体外发育成雏禽所需的时间(表 4-2-1)。各种家禽的孵化期为:鸡 21 天,鸭 28 天,鹅 31 天,瘤头鸭(番鸭)33～35 天。一般情况下,孵化期上下浮动 12 h 为正常范围。孵化期过长或过短都会影响孵化率和雏禽的品质。

表 4-2-1 各种家禽的孵化期 天

家禽	孵化期	家禽	孵化期
鸽	18	鹌鹑	17～18
鸡	21	鹧鸪	24～25
珍珠鸡	26	火鸡	28
鸭	28	瘤头鸭	33～35
鹅	31	鸵鸟	42

影响禽蛋孵化期的因素:

(1)不同种类和品种的家禽孵化期有差异。

(2)蛋越大的孵化期越长。

(3)种蛋保存时间越长,孵化期延长。

(4)孵化温度提高孵化期缩短。

二、胚胎在母禽体内的发育

胚胎在母禽体内的发育,就是卵细胞受精成为受精卵到蛋产出体外的过程,需要 24～26 h。在此期间,受精卵要经过多次卵裂和复杂的分化过程,开始胚胎的早期发育,形成了内胚层和外胚层。家禽胚胎发育的临界温度为 23.9℃,蛋被产出体外后由于温度下降,胚胎发育便停止。

三、孵化过程中的胚胎发育

(一)胚膜的形成及其功能

胚胎发育早期形成四种胚外膜:卵黄囊、羊膜、浆膜(绒毛膜)、尿囊,完成胚胎的营养、排泄和呼吸功能(图 4-2-1)。

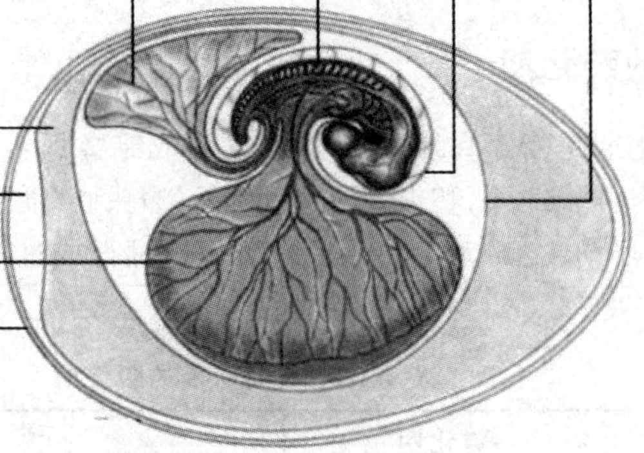

图 4-2-1 禽的胚外膜

1. 卵黄囊

发育:第 2～9 天形成,是最早形成的胚膜。

作用:是胚胎的营养器官、造血器官和呼吸器官。

2. 羊膜与浆膜(绒毛膜)

发育:孵化的 30 h 至 3 天形成头、侧、尾褶,第 4 天在胚胎背部合拢,将胚胎整个包围起来形成两层膜,内层靠近胚胎称羊膜,外层紧贴在内壳膜上称浆膜(绒毛膜)。羊膜和浆膜间形成羊膜腔,羊膜腔内充满羊水。6 天后浆膜与尿囊膜融合。

作用:缓冲震动;平衡压力;保持湿度;避免粘连;保护胚胎。

3. 尿囊

发育:第 2 天末出现,第 6 天到达内壳膜,第 10～11 天时包围整个蛋的内容物,在蛋的尖端合拢。

作用:吸收蛋白、壳中矿物质;呼吸;排泄。

(二)胚胎发育过程

1. 胚胎发育分期

(1)发育早期(鸡 1～4 天,鸭 1～5 天,鹅 1～6 天) 内部器官发育阶段:首先形成中胚层,再由三个胚层形成雏禽的各种组织和器官。

(2)发育中期(鸡 5～14 天,鸭 6～16 天,鹅 7～18 天) 外部器官发育阶段:脖颈伸长,翼、喙明显,四肢形成,腹部愈合,出现绒羽和鳞片。

(3)发育后期(鸡 15～20 天,鸭 17～27 天,鹅 19～29 天) 禽胚生长阶段:胚胎逐渐长大,肺血管形成,卵黄收入腹腔,开始利用肺呼吸。

(4)出壳(鸡 21 天,鸭 28 天,鹅 30～31 天) 雏禽生长,破壳而出。

2. 胚胎逐天发育(图 4-2-2)

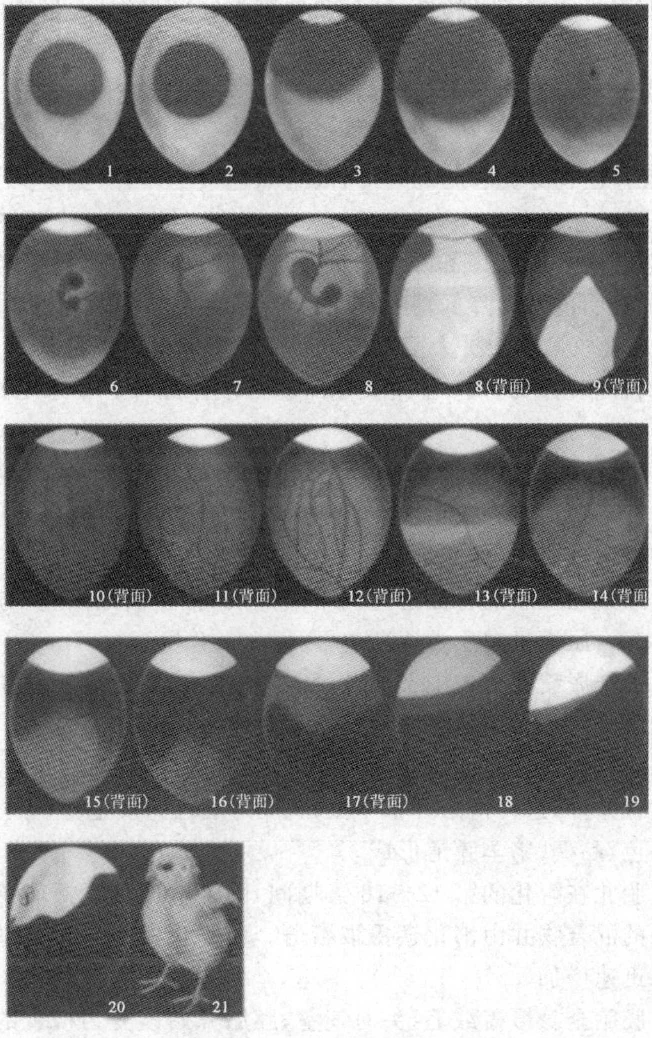

图 4-2-2 鸡胚胎发育过程(图中数字表示鸡胚日龄)

第 1 天:经过 24 h 的孵育,胚盘变大变厚,明区和暗区同时增大,在卵黄上可见到椭圆形的盾称为胚盾,是未来的胚区。

第 2 天:胚盘已扩展 1 倍并被红色的血管围成樱桃形或椭圆形,这些血管即胚胎卵黄囊循环的边缘血管——缘窦。胚盘中心有一变曲的透明体——胚胎,透明体中可见一搏动着的小红点,即原始心脏。

第 3 天:胚胎与伸展的卵黄囊血管形似蚊子,白壳种蛋通过照视可见蚊状的血管区,俗称"蚊虫珠"。

第 4 天:照蛋时卵黄不易转动,胚与卵黄囊血管形似蜘蛛,俗称"小蜘蛛"。尿囊是一个很小的水泡,眼睛开始沉积黑色素。

第 5 天:胚胎被包围在一个透明的水泡(羊膜)中,羊膜内充满羊水,胚体弯曲,眼睛黑色素大量沉积,俗称"单珠"或"黑眼"。

第 6 天:胚体已初具翼和腿的外形,眼睛黑色素更多,照蛋可见头部与躯干部两个小圆团,俗称"双珠"。

第 7 天:胎儿的外形已具备禽类的特点,头和眼所占的比例相当大,前后肢分化明显,胎儿的透明度开始降低,胚胎半沉半浮横卧于羊水中,俗称"沉"。

第 8 天:尿囊较第 7 天扩大了 1 倍。胎儿外形发育趋于完善,上喙白色,破壳齿明显可见,胸腹腔尚未封闭,心、肝、胃都暴露于体腔外。羊水与尿囊液迅速增多,俗称"浮"。

第 9 天:尿囊沿内膜迅速向下端发展,包围了胎儿和卵黄,并包围部分蛋白。胎儿皮肤透明度下降,皮肤表面出现排列整齐的小点,即羽毛原基。胸腹腔已封闭,心、肝、胃等器官已包入体腔。

第 10 天:尿囊在胚胎的背面迅速向下端发展,将蛋白逐渐包围起来。当孵化的第 10 天结束时,尿囊虽向小端逐渐包围,但尚未合拢。

第 11 天:由于尿囊完全包围了卵黄、胚体和蛋白,尿囊血管已在小端吻合,此时为孵化后的第 10.5 天,照蛋检验将这一现象称为"合拢"。

第 12 天:如尿囊在蛋白端尚有一小孔未合拢,对于 12 天的胚胎发育较慢。但是由于个体发育差异,这种情形并不罕见,鸡胚短羽已遍及全身,喙与爪已角质化。蛋白呈淡黄褐色,黏稠,浆羊膜道形成。

第 13 天:胎儿在孵化的第 12～18 天期间,除了从卵黄囊摄取营养外,还会吞食蛋白与羊水的混合物并由消化道摄取营养。由于蛋白中各种氨基酸含量平衡,使胎儿的重量迅速增加。

第 14 天:胚胎全身覆盖绒毛,头向气室,胚胎开始改变为横着的位置,逐渐与蛋长轴平行。

第 15 天:尿囊所包围的蛋白减少,照视胚蛋,小端发亮部位缩小,胚体与卵黄的黑影部分增多。胎儿的羽毛生长迅速,颈部羽毛长度达 12 mm,身体各部羽毛生长整齐,胫、趾鳞片开始形成。

第 16 天:冠和肉髯明显,绝大部分蛋白已进入羊膜腔。

第 17 天:羊水与尿囊液开始减少,躯干增大,脚、翅、颈变大,眼、头日益显小,两腿紧抱头部,喙向气室,蛋白全部输入羊膜腔,照蛋时蛋小头看不到发亮的部分,俗称"封门"。

第 18 天:羊水与尿囊液明显减少,头弯曲在右翼下,眼开始睁开,第 17～18 天肺脏血管几乎完全形成,但未开始呼吸,胚胎转身,喙朝气室,照蛋时可见倾斜的"斜口"。

第 19 天:尿囊动静脉开始萎缩,卵黄囊收缩,与剩余的绝大部分蛋黄一起缩入腹腔,喙进气室,开始呼吸,颈、翅突入气室,头埋右翼下,两腿弯曲朝头部,呈抱头姿势,以便于破壳时挣扎,雏鸡开始啄壳,可闻雏鸣叫,照蛋可见气室有翅膀、喙、颈部的黑影闪动,俗称"闪毛"。

第 20 天:孵化的第 20 天是最关键的一天。大量啄壳应在第 20 天初。雏鸡的喙已穿破气室,然后用破壳齿划破外壳膜,再用喙向外顶,使蛋壳破裂。破壳后,经过数小时的发育,雏鸡继续移动着头部,不断破坏外壳膜,在蛋上形成一个环状缺口。

第 21 天: 蛋壳被啄破,雏鸡可直接由外界呼吸,此时尿囊膜开始萎缩,但仍有血管在工作。卵黄大部分收入腹腔,只有少部分露在腹外。刚破壳而出的雏鸡全身被羊水浸湿,行动无力,在出雏器良好环境中羽毛干燥膨松,行动积极,鸣叫有力,此时就可以由出雏器内移出。优良种蛋受精率在 93%以上,受精蛋孵化率也在 93%以上。

【技能训练】

对家禽的胚胎进行生物学检查,分析孵化效果。

项目五　初生雏处理

初生雏的品质好坏对其以后的生长发育、前期死亡、增重以及免疫接种效果都有重大影响。因此,在生产中应重视初生雏处理工作,确保其品质。

任务一　初生雏的雌雄鉴别

【知识目标】

掌握初生雏的雌雄鉴别方法。

【能力目标】

能正确进行初生雏的雌雄鉴别。

【材料和用具】

初生雏鸡及多媒体教学系统。

【内容和方法】

一、初生雏雌雄鉴别的目的

雏鸡出壳后,进行初生雏鸡性别鉴定,将公雏及时淘汰或育肥,可提高鸡群均匀度和饲料报酬,具有明显的经济效益。

二、初生雏雌雄鉴别的方法

初生雏雌雄鉴别技术的应用,在当今品系配套养鸡,商品蛋鸡专门化饲养,肉用品种鸡公母生产速度不一而要求分群饲养,以及人们对童子鸡母优于公的选择要求等方面显得特别需要。鸡的雌雄鉴别技术除了快速、准确地掌握肛门鉴别法外，还可利用鸡的伴性遗传理论，培育出快慢羽或公母不同羽色的自别雌雄配套品系。该技术的推广应用加速了养鸡业的发展和经济效益的提高。

（一）鸡肛门雌雄鉴别法

1. 雏鸡泄殖腔结构　鸡的泄殖腔内口处有1个退化的交尾器官，很微小，用肉眼及触摸也难辨别幼雏雌雄。将泄殖腔纵向切开，由内向外可以看到3个皱襞：第一皱襞为直肠的末端部位；第二皱襞在泄殖腔的中央，由斜行的小皱襞集合而成，终止于第三皱襞外；第三皱襞是形成泄殖腔口的皱襞。鸡退化的生殖器官位于第二皱襞和第三皱襞会合的中央处。雄雏有1个比小米粒还小的透明小突起点，称“生殖突起”。母雏的生殖突起，在胚胎发育后期开始退化，少数母雏退化的生殖突起仍有残留，但在组织形态上与公雏的生殖突起有差异。

2. 初生雏雄性生殖突起形态类型

(1)正常型　生殖突起发达，长径约 0.5 mm，为饱满的透明圆珠状，轮廓鲜明，位于肛门正中线处，八字状皱襞发达，占雄雏的 78.3%。

(2)突起型　生殖突起特别小，难以看清，长径小于 0.5 mm，形态不规则，占 4.4%。

(3)扁平型　生殖突起较发达，呈扁平横卧状，形态似舌尖状，不规则，占 5.4%。

(4)肥厚型　八字皱襞特别发达，生殖突起与八字皱襞连成一体，界限不明显，占 6.2%。

(5)纵型　生殖突起呈纵长纺锤形，皱襞不发达而且无规则，占 5.5%。

(6)分裂型　生殖突起中间有纵沟，将其分为两半，占 2.2%。

3. 初生雌雏皱襞形态类型

(1)正常型　无生殖突起，仅有皱襞会合的浅凹陷沟，占总雏的 60%左右。

(2)小突起型　皱襞中央有1个饱满的小突起，长径小于 0.5 mm，约占 36.5%。

(3)大突起型　突起发达，长径在 0.5 mm 以上，与雄雏正常型生殖突起相似，但只占 3.5%。

4. 生殖突起形态差异鉴别要点

(1)外观形态比较　雌雏突起小而不充实，轮廓不明显；雄雏生殖突起柔软而透明，饱满而有光泽。

(2)生殖突起的陪衬程度　雄雏的生殖突起，无论形态大小，泄殖腔周围有明显的陪衬组织；雌雏若有突起，也显得周边组织退化。

(3)弹性程度比较　术者用手指触摸突起时，雌雏缺乏弹性，周围血管不易充血；雄雏富有一定弹性，不易变形，突起点易充血。

5.肛门鉴别要点

(1)鉴别的时间和工具　雏鸡肛门鉴别应在出壳后 24 h 内进行，泄殖腔饱满未萎缩，可增加鉴别的准确性。鉴别室要求易消毒，通风保温好，光线不强，室温 26～30℃。鉴别台配有 3 个小框斗，中间放混合雏，左右分别放雌雏或雄雏，另设 1 个台灯和接胎粪小盆。

(2)抓雏与握雏方法　一手可抓 2 只雏，一只进行翻肛鉴别，另一只轻握手心待鉴。握雏有夹握和团握 2 种手法。雏鸡背贴掌心，3 指轻握雏鸡体躯，头朝小指方向。翻肛前用拇指轻压腹部，借助雏鸡呼吸将胎粪挤入接粪盆中。

(3)翻肛手法　有多种，能自如、熟练、准确地鉴别即可。左手握雏，左拇指置于肛门左侧，左食指自然伸开，右中指放肛门右侧，利用右食指和中指轻轻顶推肛门一侧。左拇指协同外翻肛门，3 指向肛门凑拢，肛门即被翻开(图 5-1-1)。

(4)鉴别雌雄　肛门翻开后，放在乳白亮光台灯下观察，根据生殖突起的有无和形态上的差别，判断雌雄。如有粪便，可用右手指轻轻抹去。当难以看清形态特征时，可用指端触摸，观察突起点的饱满或充血程度加以鉴别(图 5-1-1)。

(5)掌握鉴别要领　首先掌握并熟练翻肛手法，使泄殖腔明显外翻出 3 个皱襞，两手用力要均等配合；其次是掌握好非正常型的组织形态特征，靠练习与剖检对照提高；最后掌握好八字皱襞的形态与生殖突起结合状态。做到快速、准确、健康，少死雏鸡。

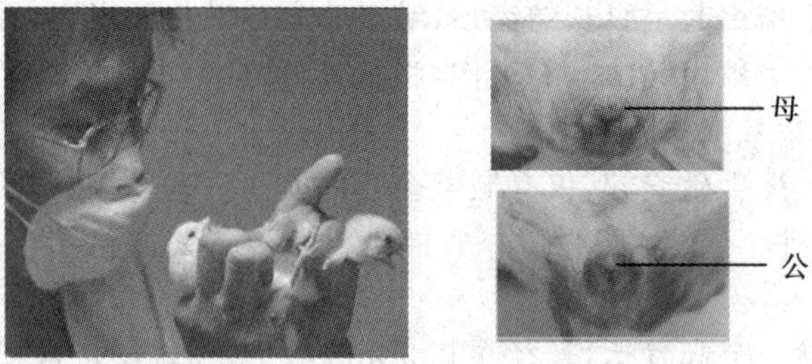

图 5-1-1　肛门鉴别法

(二)伴性性状鉴别法

利用伴性遗传原理，用特定的品种或品系杂交，生产的商品代初生雏鸡，在羽色、羽型或皮肤等方面雌雄有明显的区别，据此准确鉴别雌雄。此法既准确又方便，是现代养鸡业中普遍采用的方法，主要有以下 2 种。

1.银白羽色对金黄羽色　银白色为显性，金黄色为隐性。用银白色公鸡与金黄色母鸡交配，子一代中银白色为公鸡，金黄色为母鸡。

2. 慢生羽对速生羽　慢生羽(慢羽)是指主翼羽与覆主翼羽等长或覆主翼羽长于主翼羽；速生羽(快羽)是指主翼羽长于覆主翼羽。慢羽为显性，快羽为隐性。用慢羽母鸡与快羽公鸡交配，子一代中快羽型为母鸡，慢羽型为公鸡。

进行羽型鉴别时，左手握住雏鸡，右手将翅展开，从上向下观察外侧面的主翼羽面上的羽毛。覆主翼羽从翼面的近下缘处长出，主翼羽则由翼下缘处长出，鉴别时的要领是比较主翼羽和覆主翼羽的长短(不在于这 2 种羽毛自身的长度)，以判断为何种羽型，从而确定雏鸡的雌雄。

(三)仪器鉴别法

利用初生雏鸡雌雄鉴别器，将观视管插入直肠，直接观察鸡的性腺。母雏只在左侧有三角形粉红色的卵巢，公雏则左右两侧各有一个香蕉形的黄白色睾丸。此法鉴别效果较准确，但操作麻烦，容易传播疾病。

【技能训练】

运用所学知识，对初生雏鸡进行雌雄鉴别。

任务二　雏鸡的分级、剪冠、断趾与免疫

【知识目标】

掌握雏鸡的分级、剪冠、断趾与免疫技术。

【能力目标】

能熟练进行雏鸡的分级、剪冠、断趾与免疫。

【材料和用具】

初生雏鸡、手术剪、鸡马立克氏病毒疫苗、连续注射器及多媒体教学系统。

【内容和方法】

一、雏鸡的分级

(一)分级的目的

初生雏鸡根据活力、卵黄吸收情况、体重大小、脐部的愈合程度以及喙、胫、趾

的色泽等判别分级为健雏、弱雏和残次雏。只有健雏才能保证育雏的成活率。弱雏在育雏时要求更加注意保温和精心的饲养管理，而且弱雏多在育雏前期死亡，或生长发育迟缓，生活力差。及时淘汰弱雏，以节省劳力和饲料。

（二）分级方法

分级方法可归纳为“看、听、摸、问”4 个字。

看：就是观察雏鸡的精神状态。健雏活泼好动，眼亮有神，绒毛整洁光亮，腹部收缩良好。弱雏通常缩头闭眼，伏卧不动，绒毛蓬乱不洁，腹大松弛，腹部无毛且脐部愈合不好，有血迹、发红、发黑、钉脐、丝脐等。

听：就是听雏鸡的叫声。健雏叫声洪亮清脆。弱雏叫声微弱、嘶哑，或鸣叫不休，有气无力。

摸：就是触摸雏鸡的体温、腹部等。随机抽取不同盒里的一些雏鸡，握于掌中，若感到温暖，体态匀称，腹部柔软平坦，挣扎有力的便是健雏；如感到鸡身较凉，瘦小，轻飘，挣扎无力，腹大或脐部愈合不良的是弱雏。

问：询问种蛋来源、孵化情况以及马立克氏疫苗注射情况等。来源于高产健康适龄种鸡群的种蛋，孵化过程正常，出雏多且齐的雏鸡一般质量较好；反之，雏鸡质量较差。初生雏的分级标准见表 5-2-1，以供选择雏鸡参考。

表 5-2-1　初生雏的分级标准

级别	精神状态	体重	腹部	脐部	绒毛	腿部	畸形	脱水	活力
健雏	活泼好动，眼亮有神	符合品种要求	大小适中，平坦柔软	收缩良好	长短适中，毛色光亮，符合品种标准	两腿健壮，行动稳健	无	无	挣脱有力
弱雏	眼小细长，呆立嗜睡	过小或符合品种要求	过大或较小，肛门污秽	收缩不良，大肚脐、潮湿等	长或短，脆，色深或浅，沾污	站立不稳，喜卧，行走蹒跚	无	有	软绵无力，似棉花团
残次雏	不睁眼或单眼、瞎眼	过小，干瘪	过大或软或硬，青色	蛋黄吸收不完全、血脐、钉脐	火烧毛、卷毛、无毛	弯趾、跛腿，站不起来	有	严重	无

二、雏鸡的剪冠

（一）剪冠的目的

剪冠能避免鸡互相斗架或发生啄癖时，鸡冠受伤流血过多而死；防止天气寒冷鸡冠冻伤；可以减少单冠鸡在采食、饮水时，与饲槽和饮水器上的栅格或笼门等网栅摩擦引起鸡冠损伤；可以避免因冠大而影响视线；如对父系进行剪冠，可防止父系与母系混群。

（二）剪冠方法

种用公雏最好在1日龄时进行剪冠，也可在雏鸡出壳后在孵化厂即行剪冠。若在出壳后数周方进行，常会发生严重流血。剪冠最好用眼科剪刀，也可用弯剪或指甲剪，操作时剪刀翘面向上，从前向后紧贴头顶皮肤，在冠基部齐头剪去即可。

三、雏鸡的断趾

（一）断趾的目的

配种时母鸡的背部会被公鸡的爪和距划伤，严重时造成母鸡死亡。为了防止这种现象出现，留种公雏应在1日龄或6～9日龄进行切趾、烙距。

（二）断趾方法

要将种公雏左、右脚的内侧脚趾和后面的脚趾，用断趾器或烙铁，把最末趾关节处也就是趾甲后断趾，并烧灼距部组织，使其不再生长。要防止因操作不当，公鸡成年后趾又长出来。

（三）断趾工具

1.断趾器　断喙器可切去1日龄种公雏的趾端，但以断趾器实用。断趾器由变压器和两根耐热金属丝构成，金属丝呈拱形，安装在断趾器两臂末端，两臂靠拢时金属丝即互相接触，将鸡趾置于两根加热金属丝之间，当金属丝合拢时，即可将趾端切除。

2.电烙铁　没有断趾器，也可暂用150 W电烙铁代替。操作时一人用竹夹或镊子将趾部固定，然后用电烙铁烙断，距部也烙一下，使距不再生长。

必要时也可用剪刀剪趾，然后在断趾处涂上碘酒。

四、雏鸡的免疫

鸡群免疫是鸡场预防主要传染病的有效方法，疫苗能刺激动物体产生特异性免疫力，以抵抗此种微生物的侵袭，从而达到预防该传染病的目的。育雏阶段除抓好饲养密度、温度、湿度、通风、光照、饮水等饲养管理措施外，还要很好地把握免疫时间及免疫操作要点。

（一）雏鸡免疫的方法及操作要点

1.颈部皮下注射　多用于1日龄（出壳24 h以内）雏鸡的马立克氏病疫苗的接种和商品肉鸡注射疫苗。

操作方法及要点：在颈部1/2处，按习惯用左手或右手食指和拇指捏起雏鸡颈部皮肤，从食指和拇指捏起的皮肤中间刺向皮下，刺针方向朝背部（优点是注射疫苗时不会引起头部浮肿），注射时针头刺入角度不能过大（与颈部几乎平行），以免刺伤颈部或注入疫苗造成颈部弯曲。针头（一般使用规格为0.7 mm×13 mm的兽医注射针）刺入皮下1/2左右注入疫苗，疫苗注入过程中捏鸡颈部的食指和拇指有鼓起或水流的感觉。应注意疫苗是否从刺口流出，如果流出则要补免。

2.点眼、滴鼻　由于在鸡的眼旁有一些淋巴组织即哈德氏腺，负责眼部、鼻部及上呼吸道的局部免疫，所以鸡在用疫苗点眼滴鼻时可使疫苗通过呼吸道进入体内，获得分泌型抗体，起到局部免疫的作用。此法是逐只进行的，能保证每只鸡都被免疫，并且剂量均匀准确。

操作方法及要点：用疫苗厂家搭配的稀释液与疫苗混合均匀（下称疫苗液），一般1 000羽份稀释液为36 mL，稀释液为蓝色，若无颜色可人为加一点与鸡肉颜色反差大的颜色，以便识别疫苗液是否通过鸡只呼吸道。由于育雏舍温度较高、不适宜疫苗保存，应尽可能快地将疫苗用完，可同时几个人一起操作。抓鸡应轻拿轻放，点眼时，按习惯左手或右手抓住雏鸡（注意不要因为雏鸡动而用力过大损伤雏鸡），另一只手把疫苗挤出滴于鸡眼，但滴头应离鸡眼有一定的距离，以免损伤鸡眼，在看到鸡眼中疫苗液确实吸入眼内后，可将鸡放入栏内。在实际生产中为了提高工作效率，点眼时可将鸡头朝下，这样会吸收得更快一些。滴鼻时可用抓鸡的一个手指在疫苗滴入鼻孔前捂住另一个鼻孔，在疫苗滴入鼻孔后放开，这样疫苗液更易吸入呼吸道内。切记要将接种过疫苗液的雏鸡与未接种过的鸡分开放置。

3.肌肉注射　注射部位主要有胸部、腿部，但大多数养殖场选择胸部注射。

操作方法及要点：育雏阶段鸡只太小，肌肉太薄，若针头刺得太深会刺伤内脏引起出血而死亡，但也不宜太浅以免疫苗漏出，应特别注意。使用一般国产注射器时要时常注意剂量是否符合要求，注射时将针座放于抓鸡食指，可起到暂时固定作用，以免鸡在注射疫苗时因为疼痛挣扎而致使针头插入较深造成死亡。

4.滴口及饮水免疫　滴口免疫的优点是剂量准确，能保证每只鸡都被免疫。饮水免疫的优点是饮水时将鼻部插入疫苗液中，增加了鼻咽黏膜接触疫苗的机会。

饮水免疫简单易行，省时省工，不用抓鸡，鸡只应激反应小。两者的共同特点是，疫苗经过消化道时胃肠道黏膜下丰富的淋巴样组织可以接受抗原刺激而形成局部免疫。

操作方法及要点：着重介绍滴口免疫，按习惯左手抓鸡用食指和拇指将鸡喙分开，将疫苗滴入口中，看到咽部有吞咽动作后，将雏鸡放开。

5. 气雾免疫　气雾免疫包括气溶胶和喷雾两种形式，以气溶胶为主，通过气雾发生器将稀释后的疫苗喷射在空气中形成雾状，这些雾状的疫苗颗粒可随空气进入鸡的呼吸道，通过呼吸道黏膜和气管、肺泡的血管进入血液和淋巴，有利于吞噬细胞的吞噬，经过机体免疫应答反应而产生良好的免疫力。

操作方法及要点：为达到好的免疫效果，计算好稀释用蒸馏水的用量，做到喷雾均匀。喷雾前把鸡群驱赶到鸡舍一角，用塑料布搭设临时免疫气雾间，以防喷雾出去的气雾粒子随空气流散，同时要关闭门窗和排风设备来减少空气流动，还要避免阳光直射。

6. 刺种免疫　此法主要用于鸡痘疫苗接种。

操作方法及要点：事先将小瓶和刺种针煮沸消毒后备用。将疫苗稀释后，小瓶分装，用小鸡刺种针于鸡翅膀内侧无血管处的翼膜内刺种（若无小鸡刺种针，可把大鸡刺种针折断一根用于小鸡），刺种前还应注意看刺种针槽内是否有疫苗，确保刺种的准确无误。

7. 擦肛免疫　此法主要用于传染性喉气管炎强毒型疫苗的接种。

操作方法及要点：将鸡倒提，使肛门黏膜翻出，用接种刷蘸取疫苗刷肛门黏膜，至肛门发红为止。注意不是涂肛，也不是滴肛。

（二）雏鸡免疫的注意事项

采用何种程序和方法对雏鸡进行免疫具体要看鸡只的品种特点、大小等因素，着重考虑以下几个方面。

1. 注意雏鸡群的健康状况　只有饲养管理和卫生环境良好，鸡群健康状态良好，才可保证接种的安全并产生较强的免疫力，反之，就可出现明显的接种反应（应与正常接种反应相区别），甚至还会因接种而发病，导致免疫力差。

2. 要考虑母源抗体的干扰　清楚掌握母源抗体的持续时间和水平。

3. 注意药物的干扰　接种弱毒苗、活苗前后各 5 天，鸡群应停止使用对菌苗、菌株敏感的药物，以免影响免疫效果。

4. 避免各种疫苗相互干扰　不能图省事随心所欲地制成联苗使用，结果造成免疫失败。对于当地流行最严重的传染病最好能单独接种。

5. 做好记录　做好免疫接种方面的详细记录，如疫苗名称、厂家、批号、生产日期及有效期，鸡群日龄、品种、数量、接种方法等。注意疫苗的运输、保存和使用。

6. 注意观察鸡群接种反应　接种后随时关注鸡舍内温度、湿度，鸡群采食、饮水、活动情况等，是否为正常接种反应，并进行合理处理。

【技能训练】

运用所学知识，对雏鸡进行分级、剪冠、断趾及免疫。

项目六　蛋鸡的饲养管理

任务一　蛋用雏鸡的饲养管理

【知识目标】

了解雏鸡的生理特点，掌握雏鸡的饲养管理要点。

【能力目标】

能对育雏阶段蛋鸡进行正确的饲养管理。

能根据实际情况对蛋鸡育雏阶段的饲养环境进行调控。

【材料和用具】

蛋用雏鸡及多媒体教学系统。

【内容和方法】

雏鸡是指 0～6 周龄的小鸡，对其进行科学的饲养管理是提高成活率的关键。

一、雏鸡的生理特点和习性

体温调节机能差；生长发育迅速，代谢旺盛；胃肠容积小，消化能力弱；对外界环境反应敏感；抗病力差；群居性强、胆小。

二、育雏前的准备工作

（一）初生雏的选择

1. 孵化场内选择　初生雏的选择方法可归纳为“看、听、摸、问”4 个字。

看:就是观察雏鸡的精神状态。健雏活泼好动,眼亮有神,绒毛整洁光亮,腹部收缩良好。弱雏通常缩头闭眼,伏卧不动,绒毛蓬乱不洁,腹大松弛,腹部无毛且脐部愈合不好,有血迹、发红、发黑、钉脐等。

听:就是听雏鸡的叫声。健雏叫声洪亮清脆。弱雏叫声微弱、嘶哑或鸣叫不休,有气无力。

摸:就是触摸雏鸡的体温、腹部等。随机抽取不同盒里的一些雏鸡,握于掌中,若感到温暖,体态匀称,腹部柔软平坦,挣扎有力的便是健雏;如感到鸡身较凉,瘦小,挣扎无力,腹大或脐部愈合不良的是弱雏。

问:询问种蛋来源、孵化情况等。来源于高产健康适龄种鸡群的种蛋,孵化过程正常,出雏多且齐的雏鸡一般质量较好;反之,雏鸡质量较差。

2.育雏舍内选择　雏鸡开食之后,选择出健弱雏。弱雏应当放到温度较高、光线明亮的地方单独精心饲养。对过小、过弱的残次雏应坚决淘汰。

(二)育雏季节的选择

现代工厂化养鸡,能为雏鸡创造其必需的环境条件,一年四季均可育雏,特别是密闭式鸡舍,受季节的影响更小。而一般中小型鸡场及专业户养鸡,由于设备条件的限制,尚不能完全控制养鸡的环境条件,就必须选择适合的育雏季节。育雏季节不同,雏鸡所处的环境就不一样,其生长发育和成活率就有差别,对将来成年鸡的生产性能也有影响。一般来讲,春季育雏效果最好,初夏与秋冬次之,盛夏最差。现将各育雏季节比较分述如下:

春雏:指3～5月份孵出的雏鸡。特别是早春三月孵出的雏鸡,生产性能和种用价值最高。这是因为春季气候温和,空气干燥,阳光充足,自然通风条件好,种鸡群处于最佳状态,种蛋的品质良好,孵出的雏鸡体质健壮,生活力强,生长发育快,成活率高。春雏一般可在当年的9～10月份开产,一直要到第二年秋季换羽时才停产,产蛋期长达一年以上,产蛋量高,蛋个也大。

夏雏:指6～8月份孵出的雏鸡。夏季气温高,湿度大,雏鸡患病较多,成活率较低,特别是盛夏,由于天气闷热,雏鸡大量饮水,食欲减退,生长发育受阻。到了中雏阶段,天气渐冷,户外活动时间较少,体质较差,成年后生产力也低。但夏季育雏,保温容易,光照时间长,青饲料来源丰富,只要有针对性地加强饲养管理,也能获得较好的育雏效果。

秋雏:指9～11月份孵出的雏鸡。秋季阳光充足,天气逐渐凉爽,与夏雏相比,外界环境条件逐渐好转,对雏鸡的生长发育有利。但秋雏性成熟早,成年时体重和蛋重都较小,产蛋持续期也短,全年产蛋量不高。

冬雏:指12月份至翌年2月份孵出的雏鸡。冬季气候寒冷,供温时间长,育雏成本较高。雏鸡多在室内活动，缺乏阳光和充足的运动，生长发育受到一定影响。在一般情况下，我国北方不宜孵化冬雏。

以上着重考虑气候条件对育雏的影响。在具体选择育雏季节和时间时，还要考虑鸡场的性质、任务和设备条件等许多因素。例如饲养商品型乌骨肉鸡，应着重考虑当地的消费习惯，或以重大节日(端午、中秋、国庆、元旦、春节)出栏上市为准，以市场为导向，根据市场的需求和价格走向来确定饲养雏鸡的时间，一般都能取得较好的经济效益。

(三)育雏方式的选择

育雏舍有开放式和密闭式两种。育雏方式有地面平养、网上平养、笼育等多种，可根据地区气候条件、育雏季节、饲养规模和育雏任务选用。

1. 地面平养　在育雏室地面上撒铺铡短的稻(麦)草、稻壳、刨花等作垫料。锯末过细，为防止雏鸡啄食，不宜作垫料。垫料应干燥，无霉变。垫料厚度开始应达5 cm以上，每天视垫料的潮湿、污染程度，添加或更换新的垫料，必须保持表层垫料干燥、松软。为防止潮湿和污染，最好沿墙壁四周设网，将饮水器放置在网上，使溅出的水通过网下排水沟流出舍外。地面平养供热的方式有：暖气供热，以水暖为好，用气暖易使舍内湿度低。火炉和保温伞，只需用火炉将舍温保持在24℃左右，依靠伞温来调节育雏温度。火炉加塑料罩，即供热和保温结合在一起，是一种节能的办法，适于育雏数量不大时采用。以火炉将育雏温度保持在26～28℃，喂料时雏鸡在舍内活动、饮水、采食，喂完后将雏鸡按小群(30～50只)圈在塑料罩下。罩的四周留有供雏鸡自由出入的开口，随雏鸡体温调节功能和抗寒冷能力增强，雏鸡会自行随意出入塑料罩进行自由活动。火炕育雏也属地面平养，这种方式适于北方地区。将育雏室大部分地面砌成火炕，其余部分供操作用。炕面最好与地面齐平，以便于清扫和操作。填炕口应留在室外。室内温度应保持在20～24℃。早春育雏时，室内应加设火炉，炕面温度宜保持在育雏温度范围内。炕育的优点是雏鸡腹部不受凉，一般拉稀症状少；炕面温度受填炕原料和技术的影响，会有波动。尤其是晚春育雏时，气温高，白天不需要太高的炕温，采取压火的办法，就存在压得是否恰当的问题；压过头，傍晚需升高炕温时就比较困难。炕育的缺点是舍内湿度低。增加炕育湿度的办法有：可在操作间地面、墙壁上，视湿度大小，间断性地洒水；在火炉上放水盆；在炕上雏鸡休息睡觉处，挂塑料布，以减少鸡呼出和蒸发水汽的散失。地面平养育雏方式的特点是投资少，能耗少，管理简便，雏鸡活动空间较大。缺点是雏鸡经常接触垫料和粪便，对防病(特别是白痢、球虫病)不利。

2. 网上平养　网上平养属先进的饲养方式，它是用网片代替地面，将网片放在架空的网框内。也可用竹条或树条(表面应光洁无毛刺)做成漏缝地板。网眼以

1.5 cm×1.5 cm 为宜。网上平养又分为低床网与高床网两种，二者间主要区别是底网与地面的距离。低床网面距地面 0.6～0.8 m，高床一般为 1.2 m。饲料槽、饮水器均放置在网上适当的位置。供暖设施安装在底网两侧的靠墙壁处，育雏舍内温度能保持到 24～32℃不等。采用网上加保温伞育雏时，只要舍温在 24℃左右即可，因伞温由控温装置调节。网上加保温伞育雏是较理想的育雏方式，育雏效果好。

3. *多层笼育*　也称立体育雏。它是吸收网养的优点，克服地面平养的缺点，改进而成的一种育雏方式。其优点是占地少，增加单位面积的饲养容量和节能等。缺点是 1～2 周龄内管理较困难。相对而言，饲料抛撒率也高一些，尤其是饲槽结构不佳时。我国许多养鸡设备厂早已生产多层的育雏笼，一般为四层重叠式，每层下有承粪盘，四周设料槽和饮水槽。1～2 周龄在笼内放真空饮水器和食盘，当雏鸡学会采食和饮水后，可随时取出。笼育饲养密度大，应特别注意通风换气。

（四）育雏舍及设备的准备

1. 育雏舍的准备

（1）育雏舍的检修　雏鸡舍进雏前要进行检查维修，如修补门窗，封死老鼠洞，检修鸡笼（使笼门不跑鸡，笼底不漏鸡），做到利于防疫、保温、通风换气，无贼风，不漏雨，不潮湿，无鼠害。在进雏前 2～3 天，安装好灯泡，整理好供暖设备（如红外线灯泡、煤炉、烟道等）。把育雏温度调到需要达到的最高水平（一般近热源处 35℃，舍内其他地方最高 32℃左右），观察室内温度是否均匀、平稳，加热器的控制元件是否灵敏，温度计的指示是否正确，供水是否可靠。接雏之前还要把水添加好，使水温能达到室温状态。

（2）育雏舍的清扫与消毒　雏鸡全部转群后，先将舍内的鸡粪、垫料、顶棚上的蜘蛛网、尘土等清扫出舍。用高压清洗机冲洗舍内所有的表面，包括地面、四壁、屋顶、门窗等，重点冲洗鸡笼和各种用具（如饮水器、喂料器、承粪盘等），边冲洗边刷拭，直到肉眼看不见污物为止。冲洗前要求关掉电源，将不防水灯头用塑料布包严。冲洗后充分干燥可增强消毒效果，细菌数可减少到每平方厘米数千到数万个，同时可避免使消毒药浓度变稀而降低灭菌效果。消毒时将所有门窗关闭，便于门窗表面能喷上消毒液。选用广谱、高效、稳定性好的消毒剂，如用 4%的热火碱（氢氧化钠）溶液，或 5%的过氧乙酸等喷雾舍内所有的表面。若用酸性消毒剂与碱性消毒液交替消毒时，中间要用清水冲洗，并停留 20 min。药物消毒后打开门窗通风，尽量使舍内墙体干燥。用福尔马林（甲醛溶液）和高锰酸钾为消毒剂，利用甲醛与高锰酸钾发生氧化还原反应过程中产生的大量热，使其中的甲醛受热挥发，从而达到杀死病原微生物的目的。

2. 育雏设备的准备 育雏笼一般为四叠层式，每层分 2 个小笼，至 6 周龄时可饲养雏鸡 200 只。雏鸡 1～7 日龄在育雏笼内使用开食盘，常用的直径为 30～40 cm，高 2 cm，1 个料盘可供 40～50 只雏鸡使用。雏鸡 8～42 日龄使用长形饲料槽，多为硬质塑料制成，常平行地挂在育雏笼外的两侧。槽底有 V 形和 U 形两种，面向鸡一侧的槽口略高 2 cm，可作为挡板防止鸡刨料。

雏鸡 1～7 日龄可在育雏笼内使用真空饮水器，大多数为硬质塑料制成，由贮水器和饮水盘两部分组成，饮水盘上开 1 个出水孔，结构简单，使用时将贮水器倒过来装水，再将饮水盘倒盖在上面，扣紧后一起翻转 180°放置。雏鸡 8～42 日龄使用 V 形或 U 形水槽，多为塑料质地，断面呈 V 形或 U 形，槽高 4～5 cm，宽 4～6 cm，长 3～5 m，育雏鸡所需水槽长度为 1.25 cm/只。这种饮水器多为人工加水与消毒，工作量大。供雏鸡 8～42 日龄使用的乳头式饮水器，每小笼内 2～3 个乳头，乳头饮水器上端接水管（一般为软管）横穿在笼内，高度为鸡抬头能饮到水的位置，这种饮水器具有供水新鲜，不易传染疾病，耗水量小等优点。

（五）育雏物资的准备

按雏鸡的营养需要及生理特点，配合好新鲜的全价饲料，在进雏前 1～2 天要进好料，最好能喂经破碎后的高能高蛋白的颗粒料，因颗粒料制作过程可杀死饲料中的病菌并能解决雏鸡吃料少、增重慢的难题。配制好的全价料不要存放太久，特别是天气炎热的夏季，最好不要超过 2 周，以防止配制后全价料中的维生素 A、维生素 E 等被氧化及饲料的霉变、污染。存放时间越长，其效价降低得越多。育雏的前 6 周内，每只鸡消耗 1.2～1.5 kg 饲料，据此备好充足的饲料原料，有条件的最好用小颗粒料。

要事先准备好本场常用疫苗，如新城疫苗（冻干苗和油苗），法氏囊中毒苗和弱毒苗、传染性支气管炎疫苗（H52 和 H120）及抗白痢药，球虫病和抗应激药物（如电解质液和多维）等，这要根据当地疫情及场内常发病的情况进行准备。此外，要准备好常规的环境消毒药物。

如要断喙，还要配备好断喙器等。

此外，还需要进行人员分工及培训，制订好免疫计划，准备好育雏记录本及记录表，记录出雏日期、存养数、日耗料量、鸡只死亡数、用药及疫苗接种情况，以及体重称测和发育情况等。

三、育雏基本条件的控制

(一)温度

1. 温度要求

(1)平面育雏温度　育雏温度包括育雏室温度和育雏器温度。室温通常比育雏器温度低,室温一般在28℃左右,而保温伞下的温度为33～35℃,以后每周下降2～3℃,直至脱温。

(2)笼育温度　笼育普遍使用电热育雏笼或育雏育成兼用笼。开始时笼内温度控制在30～31℃,以后每周下降2℃左右。如使用没有加热设备的育雏笼,就要提高室温,达到31～32℃,以后每周降低2℃,直至脱温。

2. 温度控制(表6-1-1)　进鸡前2天对育雏舍进行预温。育雏温度是否合适,一是检查温度表;二是观察鸡群动态。以鸡群不扎堆为准,温度表悬挂在网上5～10 cm处。温度适合,雏鸡活泼,食欲旺盛,饮水适度,睡眠安静,分布均匀且俯卧。温度过低,雏鸡密集靠近热源,发出尖叫声,且温度低易引起感冒、下痢、不采食、压死;温度过高,则远离热源或张嘴气喘。热源要均匀分布在鸡舍各处,不得出现局部温度过高或过低的问题,温度的波动范围保持在2℃左右,不能忽高忽低,相邻上层与下层之间的温差不得超过1℃。在中午天气暖和时,可适当开窗,或用风机换气,换气时避免贼风和冷风直接吹向雏鸡。

表6-1-1　建议舍内温度　℃

年龄	适宜温度	年龄	适宜温度
1～4日龄	37～35	4周龄	28～25
5～7日龄	34～33	5周龄	25～22
2周龄	33～31	6周龄	22～18
3周龄	31～28		

(二)湿度

1. 湿度要求　在确保温度的同时,应控制舍内湿度,确保每个鸡舍有2个湿度表,1～14日龄湿度保持在60%～70%,14日龄以上,湿度控制在50%～60%即可。湿度过大,雏鸡羽毛易脏乱,食欲不佳,同时为病原微生物及球虫的滋生创造了条件。湿度过低,环境相对干燥,易造成雏鸡脱水,消化生长不良,同时因舍内尘土飞扬,刺激呼吸道黏膜,易诱发呼吸道疾病。

2. 湿度控制　当鸡舍湿度低时,可在地面上适当喷洒一些清水。洒水时应用喷雾器均匀洒水，同时保证水的温度和鸡舍温度相同，严禁短期内向地面大量洒水，造成地面积水和温度骤降，增加鸡群发病机会；也可在炉子上放置一个水盆或水壶，在鸡舍内搭一些湿毛巾，增加蒸发量，以增加舍内湿度；当鸡舍湿度过大时，要防止水管跑冒滴漏，可以适当增加排风量，以达到排除湿气的目的。

（三）通风换气

1.通风换气的技术要点　育雏初期能否正确地保温及通风，对于日后鸡群体形的发育、健康及抗病能力均有很大的影响。在实际生产中，育雏期2周龄内重在保温，2周龄之后要做好通风换气工作。为了增强通风换气的调控能力，可在育雏舍内安装换气扇，以保证舍内的空气质量，没有安装换气扇的育雏舍，可在中午外界温度较高时，把鸡舍温度提高2～3℃，然后将气流不会直吹雏鸡的门窗打开一部分，一般2～3 h要通风一次（打开阳面门和窗户），舍内外温差超过10℃时，每次通风时间不要超过1 min；舍内外温差在5℃以内，可以适当延长通风时间，但鸡舍温度下降每次不能超过3℃。夜间至少要通风2次（切记：不能让冷气流直吹雏鸡，以防止贼风侵袭造成的温度波动过大），空气良好的鸡舍以饲养者闻不到氨气味为标准。通过换气，可减少舍内二氧化碳、硫化氢、氨气、尘埃、病原微生物数量，排出氨气以及多余的水汽和羽毛碎屑，满足鸡对氧气的需要和温度调节，保障鸡的呼吸系统黏膜的结构正常完整。一定要解决好育雏期间通风与保温的矛盾。

2.通风换气的注意事项

（1）育雏期要最大限度地增大通风量，保持空气清新；保持鸡舍通风口畅通。

（2）育雏时间在高温季节时，要密切关注鸡群的反应，一旦发现鸡群张口呼吸等温度过高现象，则要立即加大通风量，防止出现闷死、热死雏鸡的现象。

（四）饲养密度

饲养密度不仅直接关系到雏鸡的生长发育，而且与育雏舍的环境控制和雏鸡健康密切相关。由于雏鸡具有生长发育快，新陈代谢旺盛等特点，鸡舍的空气、卫生、湿度等易因密度大小而迅速改变。当密度过大时，雏鸡排出的粪便、水分和CO_2等增高，造成舍内湿度增高，空气混浊，氨气、硫化氢等有害气体增加，多种病原菌和寄生虫等趁机滋生蔓延，严重危害和威胁雏鸡的健康。密度过大，雏鸡的活动空间受到限制，不利于采食和饮水，造成雏鸡生长发育迟缓，均匀度降低，易感染疾病，恶癖（如啄肛、啄羽等）严重；发病率、死亡率均会升高。

饲养密度以1周龄时每平方米50～60只、2～3周龄时30～40只、4～6周龄10～14只最好，在保证密度合理的同时也要保证每只鸡的料位和水位充足，否则鸡只抢水、抢料、强欺弱造成鸡群整齐度低，严重影响以后生产性能的发挥。在饲养过程中要不断进行调整，使鸡群的发育比较整齐。3 周龄内用料盘，每 100 只鸡 1 个，4～20 周龄，每 50 只鸡应备能装 4 kg 饲料的料桶 1 个。雏鸡饮水最好选用自动饮水器，也可用塑料水桶。平养每 1 000 只鸡需直径 36 cm 的饮水器 8～10 个。

（五）光照

1. 育雏期光照程序　育雏前 3 天，24 h 光照，灯光愈亮愈好，第 4 天起改为 22 h 光照，夜间将灯熄灭 2 h，并将灯光强度降低到 20 lx（每平方米约 2 W），第 7～14 天再减至 20 h，灯光强度降低到 10 lx（每平方米约 1 W），第 15 天开始每天减少 1 h 直到自然光照。在灯泡的布局上注意使舍内每个地方的光照强度都均匀，特别是立体式笼养，注意上、中、下的光照强度即每笼内的光照强度都基本一致，避免底层和中层的光照强度太弱，影响雏鸡采食和饮水。

2. 注意事项

（1）光照控制是指对光照时间和光照强度的同时控制，二者同步进行。

（2）在光照时间固定的饲养阶段，每天开、关灯的时间应固定下来。

（3）达到产蛋日龄（18 周）后，体重没有达标的情况下，光照刺激要延迟 1 周进行。

四、雏鸡的饲喂技术

（一）初饮和饮水

初生雏鸡的第一次饮水称为初饮。一般在毛干后 3 h 即可初饮，要求用温开水，水温应保持与室温相同。可在饮水中加入 5%～10% 的葡萄糖或蔗糖，同时加入适量的抗生素、电解多维。初饮后，让雏鸡自由饮水，确保不断水。

1 周后可直接饮用自来水。立体笼育雏开始在笼内饮水，1 周后训练在笼外饮水；平面育雏随日龄增大要调整饮水器的高度。

（二）开食和喂料

雏鸡第一次喂料称为开食。开食一般在初饮后 3 h 至出壳 24 h，在 1/3 的雏鸡有啄食表现时，即可少量饲喂。开食时可铺干净报纸、塑料布或用开食料盘，均匀地将料撒开。育雏第一周每天分多次喂料为好，白天每 2 h 喂一次料，平均每次每只鸡喂 0.5～1 g，为了便于雏鸡采食，饲料中应加入 30% 的饮水，与饲料拌匀后捏起来能成团，撒下去能散开即可，这样饲料中的粉面能粘在粒状饲料上，便于雏鸡采食，也比较适口。饲喂量应该逐渐地增加，每次喂料以在 25 min 内吃尽为好，一般 1～2 周龄内每天喂 6 次，以后根据发育情况逐渐变为每天喂 5 或 4 次，也可以在1周之后让雏鸡自由采食。雏鸡第一天的采食量平均在5～8 g，第一周的平均采食量为每天10 g。

五、雏鸡的日常管理

(一)雏鸡入舍时的管理

(1)雏鸡到达后，迅速卸下鸡盒，分散在鸡舍内，将雏鸡放在靠近育雏器的温暖处。

(2)运雏箱除可重复使用外，一律在鸡场内迅速销毁。

(3)检查温度，根据雏鸡分布及行为进行调整。

(二)断喙

蛋鸡在采食的过程中，总是将不喜欢的食物剔除，采食喜爱的食物。在采食粉状饲料时更是这样，以致部分饲料被浪费。如果育雏过程中，舍内光线强、饲养密度大、饲料营养不全或通风不良，造成啄癖，包括啄羽、啄肛、啄翅、啄趾等，轻者致伤，重者死亡。因此，生产中必须断喙。断喙可以减少啄癖的出现，也可减少鸡采食时挑剔饲料造成的浪费。断喙可使用断喙器、断喙钳，借助于灼热的刀片进行切除，并烧灼组织，防止出血。断喙在1～12周龄均可进行，一般7～10日龄第一次断喙，切去上喙的1/2，下喙的1/3，10～12周龄做补充修剪。

1. 断喙器的使用

(1)接通电源，调节电压调节旋钮，选择合适温度(一般雏鸡为600～700℃，刀片呈暗红色)。

(2)打开电机和风扇开关，调节刀片运动速度。

(3)根据雏鸡大小选择合适的定刀刀片孔径(分为4.00 mm、4.37 mm和4.75 mm，雏鸡一般使用4.00 mm孔径)(图6-1-1)。

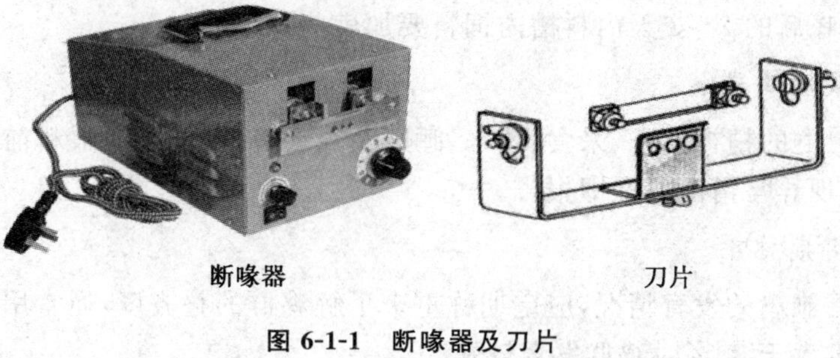

断喙器　　　　刀片

图6-1-1　断喙器及刀片

2. 断喙操作

借助于灼热的刀片，切除鸡上喙1/2，下喙1/3(图6-1-2)。

图 6-1-2 雏鸡断喙效果

(1)保定好雏鸡，右手握雏，中指和无名指夹住雏鸡两腿，拇指压住头部，食指置于颈部下，轻压喉部使鸡缩舌。待动刀上升时，迅速将鸡喙插入定刀孔内，将喙切断。

(2)边切边烙，喙的断面要与动刀片接触2～3 s，以灼烧止血。检查断面，不合要求的要重新进行修补。

(3)断喙后的雏鸡要迅速饮水，以利于喙部降温。

3. 注意事项

(1)断喙前要检查鸡群的健康状况。

(2)断喙前后2～3天内在饮水中加0.1%的维生素C及适量抗生素，在饲粮中加0.000 2%的维生素K，有利于凝血和减少应激。

(3)断喙操作要准确，应在鼻孔下边缘至喙尖的一半处切断。

(4)切勿烙伤雏鸡眼睛，勿切断雏鸡的舌头。

(5)断喙器必须经常清洁、消毒。

(6)断喙应与接种疫苗、转群等日常工作错开。

(7)断喙后，要仔细观察鸡群。

(8)断喙后的2～3天内料槽内饲料要加满些。

(三)观察鸡群状态

观察鸡群的精神状态、采食、饮水、睡眠及粪便等情况，早晨喂料前观察尤其重要，一旦发现异常情况要立即报告。

(四)定期称重

为掌握雏鸡的发育情况，应定期称重来了解鸡群的整齐度，通常用均匀度来表示。均匀度大于80%时鸡群发育较好。

(五)科学制订免疫程序和药物防治程序

1. 制订免疫程序 免疫程序的制订和实施受诸多因素的影响,如疫病流行情况、疫苗种类、疫苗质量、免疫方法和鸡的品种、日龄、饲养管理、母源抗体水平等。每个鸡场的免疫程序都不是固定不变的,不同地区、不同鸡场应根据本地疫病流行情况科学制订相应的免疫程序,有条件的鸡场最好根据抗体监测情况决定免疫时间。

2. 制订药物防治程序 鸡场应根据自己的具体情况和需要制订科学合理的用药程序。在不影响免疫效果的前提下,每次免疫接种前后,可用药物饮水预防 4～5 天,防止免疫接种引起的副作用和应激;鸡场发生疾病后应及时正确用药,并加强卫生防疫工作。

【技能训练】

运用所学知识,进行蛋用雏鸡的饲养管理。

使用断喙器对蛋用雏鸡进行断喙操作。

任务二 蛋用育成鸡的饲养管理

育成鸡是指 7～20 周龄正在发育的鸡。培养目标是保持适宜的体重及合理的体形,促使鸡群适时达到性成熟,并且在开产前有良好的繁殖和产蛋体况,为在产蛋期高产、稳产、持久生产打下基础。

【知识目标】

了解育成鸡的生理特点,掌握育成鸡的饲喂及管理技术。

掌握蛋鸡饲养的环境控制技术。

【能力目标】

能对育成阶段蛋鸡进行正确的饲养管理。

能根据实际情况对蛋鸡育成阶段的饲养环境进行调控。

【材料和用具】

鸡场图片,常用养鸡场设备与用具实物及图片,蛋用育成鸡饲养视频等。

【内容和方法】

一、育成鸡的生理特点

对环境具有良好的适应性；消化机能已健全；骨骼和肌肉都处于生长旺盛时期；生殖系统开始发育。

二、从育雏期向育成期的过渡

(一)转群

雏鸡满6周龄后，从育雏舍转入育成舍。在转群前必须彻底清洗、消毒育成舍及用具。转群的同时淘汰病弱残个体，保证育成率，应注意尽量减少应激的发生。

(二)脱温

脱温是指不使用供暖设备来维持舍内温度。只要昼夜温度达到18℃以上，就可脱温。降温要求缓慢，脱温要求稳妥，要防止舍内温度骤降，遇大风降温天气时，应适当给温。

(三)换料

根据育成鸡的实际体重、结合鸡种特点及时选择换料时间。应注意调整饲料要逐步过渡，切忌突然改变。

三、育成鸡的饲养

(一)饲养方式

通常有地面平养、网上平养和笼养等几种。

(二)限饲

限饲是指人为控制鸡采食的一种方法。

1.限饲的作用　正确限饲能有效地控制体重，从而调控性成熟，有利于提高全程产蛋量，并节约饲料10%～15%；通过限饲，可以使得一些病弱残鸡自然淘汰，从而提高产蛋期的存活率。

2.限饲的方法　蛋用鸡从9周龄开始限饲。

(1)限质　降低日粮中某种营养物质如蛋白质、能量等的水平，造成营养的不平衡，来达到限饲的目的。通常把日粮中的蛋白质含量降低至13%左右，同时应考虑适当降低饲养标准中的能量含量，可减少10%左右。

(2)限量　减少喂料量，限饲量一般为正常采食量的80%。

(3)限时 每周停喂 1 天或 2 天,即 7 天的限料量在 5 天或 6 天里喂完。

3.限饲的注意事项

(1)只有当育成鸡超过体重标准时才进行限饲。

(2)要有足够的采食位置、充足的饮水,撒料要均匀。

(3)限饲前鸡群一定要断喙,否则更容易发生啄癖。

(4)如鸡群发病或处于应激状态,则应停止限饲,改为自由采食。

四、育成鸡的管理

(一)合理分群

按大小强弱进行分群饲喂。

(二)饲养密度

保持鸡群适当的密度,同时要注意加强运动。通常网养 10～12 只/m^2,笼养 15～16 只/m^2。

(三)环境控制

1.温度控制 蛋用育成鸡舍内脱温后,温度应保持在 13～23℃,而在日常生产中应根据外界气温的变化随时调节舍温。

2.通风换气 一般条件下,以进入鸡舍无明显的嗅觉不适为基本标准。通风时气流要均匀,减少换气死角,避免贼风侵入。气流要自上而下,避免直接吹到鸡体上。

3.光照控制 不能延长光照时间,以每天 8～9 h 为宜,强度 5～10 lx。

4.减少惊群 日常操作中,应严格按照操作程序进行,动作要快、温和,以免突发声响、闪亮给鸡群造成惊吓。

(四)均匀度控制

均匀度是影响鸡群生产性能的重要指标,达到 80%以上才是比较理想的。

(五)观察鸡群

每天定时观察鸡群的采食、饮水、排粪及精神状况,重点应放在早晨开灯和晚上关灯之后。

(六)及时转群

17～18 周龄从育成舍转入产蛋鸡舍,转群前进行整群。

(七)疫病防制

1.免疫接种 蛋鸡育成期要严格按照免疫程序及时接种,要选择质量好的疫苗,选用正确的接种方法,减少应激反应,注意观察鸡群,加强日常管理。

2. 日常消毒　消毒工作应贯穿整个育成期,包括环境消毒、舍内带鸡消毒、饮水消毒、用具设备等全方位消毒。注意选用腐蚀性小、消毒效果好的消毒药,并经常更换消毒药的种类。

3. 疾病防治　每天认真观察鸡群,发现病情及时隔离,并尽快查找病因,对症用药,确保治疗有效。

【技能训练】

运用所学知识,进行蛋用育成鸡的饲养管理。

任务三　产蛋鸡的饲养管理

【知识目标】

了解产蛋鸡的生理特点,掌握产蛋期的饲喂及管理技术。

掌握蛋鸡饲养的环境控制技术。

【能力目标】

能对产蛋阶段蛋鸡进行正确的饲养管理。

能根据实际情况对蛋鸡产蛋阶段的饲养环境进行调控。

【材料和用具】

鸡场图片,常用养鸡场设备与用具实物及图片,产蛋鸡饲养视频等。

【内容和方法】

一、产蛋鸡的生理特点

(1)开产后机体发育尚未完成,整个产蛋期持续增重。

(2)产蛋鸡富于神经质,对饲料、环境的变化尤为敏感。

(3)产蛋鸡对钙的利用因周龄不同有较大的差异。

二、产蛋鸡的饲养

(一)饲养方式

1. 平养 包括垫料地面平养、网上平养及混合平养。

2. 笼养 包括半阶梯式、全阶梯式及全重叠式。

笼养可以提高饲养密度,每平方米可饲养蛋鸡 16～25 只,比地面平养多 3～5 倍,节约饲料,有利防疫。但投资大,设备技术要求高。

(二)产蛋鸡的营养需要

(1)根据不同日龄提供适量的营养。

(2)一般日粮中代谢能为 11.50～11.71 MJ/kg。

(3)蛋白质 16.5%～17%(产蛋率≥80%)。

(4)注意几种必需氨基酸的满足。

(三)产蛋规律及产蛋曲线

1. 产蛋规律 产蛋鸡从 21 周龄开始到 72 周龄为一个产蛋期。产蛋期可分为产蛋前期、产蛋高峰期和产蛋后期三个阶段。

2. 产蛋曲线 产蛋曲线是以母鸡的周龄为横坐标、以产蛋率为纵坐标绘制而成的曲线(图 6-3-1)。

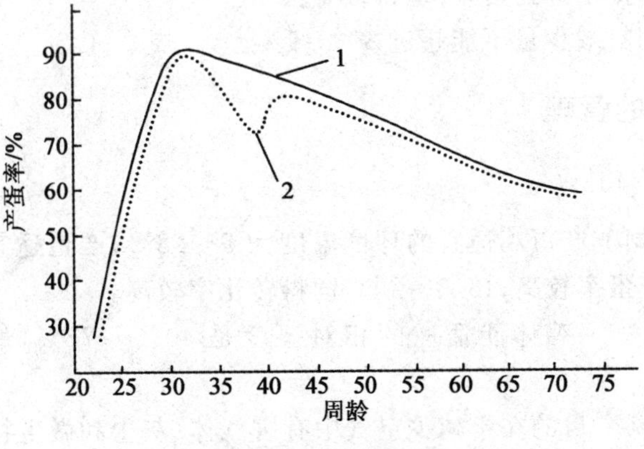

图 6-3-1 产蛋曲线

1. 正常产蛋曲线 2. 异常产蛋曲线

(四)产蛋鸡的分阶段饲养

分阶段饲养就是根据产蛋鸡的周龄和产蛋水平将产蛋期划分为若干个阶段,

并考虑环境因素，不同阶段喂以不同蛋白质水平的日粮，使饲养更趋合理，同时可节省饲料(表 6-3-1)。

表 6-3-1 产蛋鸡的分阶段饲养

营养成分	第一阶段（20～42 周龄）	第二阶段（43～58 周龄）	第三阶段（59 周龄后）
粗蛋白/%	18	16.5～17	15～16

（五）产蛋鸡的调整饲养

调整饲养就是根据外界条件和鸡群状况的变化，及时调整产蛋鸡日粮配方中各种营养成分的含量，以适应鸡的生理和产蛋需要。

(1)调整饲养的原则是以饲养标准为基础，保持饲料配方的相对稳定。

(2)在鸡群采取一些管理措施或出现异常时也可以进行调整饲养。

(3)根据鸡群的产蛋量、蛋的质量、健康状况、饲养条件和环境变化适时调整。

（六）产蛋鸡的限饲

一般在产蛋高峰期过后 2 周进行限饲。

(1)产蛋高峰过后，将每 100 只鸡的每天饲料量减少 230 g，连续 3～4 天。

(2)如果产蛋量没有下降很多，则继续使用这一给料量，并可再少一些。

(3)只要产蛋量下降正常，可以持续下去。

(4)限饲的饲料减少量不能超过 8%～9%。

三、产蛋鸡的管理

（一）环境控制

1. 温度的控制　产蛋鸡适宜的环境温度为 5～28℃，产蛋适宜的温度为 13～20℃，13～16℃产蛋率较高，15.5～20℃饲料转化率较高。

2. 湿度的控制　鸡体能适应的相对湿度是 40%～72%，最佳相对湿度是 60%～65%。

3. 通风的控制　目的在于减少空气中有害气体、灰尘和微生物的含量，调节鸡舍内的温度，降低湿度。

4. 光照的控制　产蛋阶段光照时间只能延长，不可缩短，强度不可减弱。

实施方法：从 20 周龄开始每天延长光照时间，直到 16 h 保持恒定；产蛋高峰过后光照时间延长至 17 h。光照强度在鸡头部为 10 lx。

（二）产蛋鸡的日常管理

1. 观察鸡群　及时掌握鸡群动态。

2. 维持环境条件的相对稳定　产蛋鸡对环境的变化非常敏感，尤其是轻型蛋鸡。

3. 勤拣蛋　每天拣蛋 2～3 次。

4. 卫生防疫　保持鸡舍内外的清洁卫生，按照免疫程序进行免疫。

5. 做好记录　鸡群的日常活动和生产情况等都要及时记录。

（三）产蛋鸡的选择

及时淘汰鸡群中的低产鸡和停产鸡是日常管理中的一项重要工作。

1. 产蛋鸡与停产鸡的外貌区别　见表 6-3-2。

表 6-3-2　产蛋鸡与停产鸡的外貌区别

项目	产蛋鸡	停产鸡
冠、肉髯	大而鲜红	皱缩色淡
肛门	大而丰满，湿润，呈椭圆形	小而皱缩，干燥，呈圆形
触摸品质	皮肤柔软细嫩，耻骨薄而有弹性，冠、肉垂细致，温暖	皮肤和耻骨硬而无弹性，冠、肉垂干而粗糙，无温暖感
腹部容积	大	小
换羽（秋季）	未换羽	已换羽或正在换羽
色素变化（黄皮肤鸡）	肛门、喙、胫已褪色	肛门、喙、胫为黄色

2. 高产鸡与低产鸡的外貌区别　见表 6-3-3。

表 6-3-3　高产鸡与低产鸡的外貌区别

项目	部位	高产鸡	低产鸡
外貌和身体结构	头部	清秀，适中，顶宽，呈方形	粗大或狭窄
	喙	粗宽而短，稍弯曲	长而窄
	冠和肉髯	大而红润	发育不良，粗糙色暗
	胸部	宽深前突，胸骨长直	窄浅，胸骨短或弯曲
	体躯	背部长而宽，匀称	背部短窄或呈弓形
	脚和趾	两脚间距宽，趾平直	两脚间距小，趾过细或弯曲
腹部容积	胸耻距离	4 指以上	3 指以下
	耻骨间距	3 指以上	2 指以下
触摸品质	冠、肉髯	细致，温暖	粗糙，冷凉
	腹部	柔软有弹性，无腹脂硬块	粗糙而弹性差，有腹脂硬块
	耻骨	薄而有弹性	硬而厚，弹性差

(四)产蛋鸡的季节性管理

1.春季管理

(1)逐渐加大鸡舍内的通风量。

(2)适当提高饲料的能量水平。

(3)在天气转暖前进行一次彻底清扫消毒。

2.夏季管理

(1)减少鸡舍受到的辐射热和反射热。

(2)增大鸡舍内的通风换气量。

(3)供给清凉的饮水。

(4)调整日粮浓度。

(5)降低饲养密度。

3.秋季管理

(1)因日照时间逐渐变短要进行人工补充光照。

(2)开放式鸡舍要做好防寒保暖工作。

4.冬季管理

(1)做好防寒保暖工作。

(2)适当提高日粮的能量水平。

【技能训练】

运用所学知识,进行产蛋鸡的饲养管理。

项目七　肉鸡的饲养管理

任务一　肉用仔鸡的饲喂技术

随着社会的发展，人们的膳食结构发生了改变，使得禽肉需要量猛增，促使肉用仔鸡生产迅速发展。现代肉鸡与以往的肉鸡概念截然不同，它是指肉用配套品系杂交生成的雏鸡，如AA、艾维茵、明星、狄高鸡等。按屠宰时期和体重大小分为肉用仔鸡、炸用鸡和烤用鸡。而我国过去的肉用仔鸡是指未达到性成熟就屠宰吃肉的小鸡，俗称"笋鸡"。目前，肉用仔鸡一般饲养至7～8周龄，体重为1.8～2.0 kg，出售屠宰。鸡皮柔软，肉质细嫩、味鲜美，适于快速烹调。

【知识目标】

理解肉用仔鸡的生长规律及生产特点，掌握肉用仔鸡的饲喂技术。

【能力目标】

能对肉用仔鸡进行正确的饲养。

【材料和用具】

畜禽饲养技能实训教学系统。

【内容和方法】

一、肉用仔鸡的生长规律及生产特点

(一)早期生长速度快

肉用仔鸡公母混合饲养，在正常的生长条件下，早期生长十分迅速。一般肉用

仔鸡的出壳体重约为0.04 kg,2周龄体重可达0.35 kg,4周龄可达1 kg,6周龄可达1.8 kg,7～8周龄达到2.0～2.5 kg,大约是出壳重的50倍。世界最高纪录是56日龄体重为2.88 kg,大群测验世界纪录是英国“罗斯”肉用仔鸡,8周龄达2.76 kg。目前国内专业户饲养的肉用仔鸡8周龄平均体重可达1.8～2.0 kg。

(二)饲养周期短,周转快

在国内,肉用仔鸡从雏鸡出壳,饲养至8周龄即可达到上市标准体重,也就是说一般8周就可饲养一批肉用仔鸡。仔鸡出售后,2个饲养员打扫、清洗、消毒,停养2周,又可进鸡接养第二批。这样一间鸡舍,10周就可饲养一批肉鸡,一年可以饲养5批。如果一幢鸡舍2个饲养员,一批能养1万只肉鸡,则一年能生产近5万只。如果房舍充裕,能周转还可多养。饲养肉用仔鸡的房屋、设备、人力等利用率极高,资金周转率也很高,这是饲养其他家畜家禽比不上的。

(三)饲料转化率高

饲料转化率又叫料肉比。在肉用畜禽中,肉用仔鸡的饲料转化率最高,一般肉牛为5∶1,肉猪为3∶1,目前许多国家肉用仔鸡的饲料转化率已达2∶1的高水平,更高者达1.72∶1。虽然肉鸭的生长速度更快,7周就能达3 kg左右,但饲料转化效率却低得多,就是先进水平也仍在3∶1左右。依靠肉用仔鸡早期生产速度快的特点,缩短其饲养期,在6周龄上市,可进一步提高饲料转化率,经济效益也相应提高。

(四)饲养密度大,设备利用率高

与蛋鸡相比,肉用仔鸡喜安静,不活泼好动,除了吃食饮水外,很少斗殴跳跃,特别是饲养后期由于体重迅速增大,活动量大减,故每只鸡需要的有效面积小,为高密度饲养提供了可能。虽然密度随着鸡只日龄的增加而减小,但只要有适当的通风换气条件,就可加大饲养密度。一般厚垫料平养,每平方米可养13只左右,比同等体重同样饲养方式的蛋鸡饲养密度约增加1倍,而网上平养的密度又可比垫料平养增加20%。

(五)劳动生产率高

肉用仔鸡集约化生产,效益十分理想,肉用仔鸡笼养、网养、平面散养均可,农村可因地制宜,不需要什么特殊设备。一般平面散养,一个劳力可以管理1 500～2 000只,全年可以饲养7 500～10 000只,使劳动力得到了充分利用,如果适当增加一些机械化设备,一个人就可养3 000～5 000只,当然机械化程度越高,饲养的只数也越多,经济效益也就越大。

（六）肉用仔鸡腿部疾病和胸囊肿较多

肉用仔鸡的腿部疾病已成为影响肉仔鸡迅速发展的一大障碍。日本平均肉鸡腿病占3%～4%，有些鸡场达10%～15%。在我国，肉用仔鸡腿病也变得愈来愈严重。胸囊肿也是一个比较严重的问题。这些疾病大大提高了肉用仔鸡的残次品率，因此如何加强饲养管理，减少这些疾病的发生是增加鸡场经济效益的重要措施之一。

二、肉用仔鸡的饲喂技术

（一）肉用仔鸡的饲养方式

肉用仔鸡的饲养方式主要有以下四种。

1. 厚垫料饲养　利用垫料饲养肉用仔鸡是目前国内外普遍采用的一种方式。优点是投资少，简单易行，管理也比较方便，胸囊肿和外伤发病率低；缺点是需要大量垫料，常因垫料质量差，更换不及时，肉鸡与粪便直接接触易诱发呼吸道疾病和球虫病等。垫料以稻壳、刨花、枯松针为好，其次还可用铡短的稻草、麦秸，压扁的花生壳、玉米芯等。垫料应清洁、松软、吸湿性强、不发霉、不结块，经常注意翻动，保持疏松、干燥、平整。垫料饲养可分厚垫料和薄垫料饲养。厚垫料饲养是指进鸡前地面上铺10 cm的垫料，随着鸡的逐渐长大，垫料越来越脏污，所以应经常翻动垫料或在旧垫料上经常添加一层新垫料，并注意清除饮水器下部的湿垫料。这样待鸡出栏后将垫料和粪便一次清除。

2. 网上平养　这种方式多以三角铁、钢筋或水泥梁作支架，离地50～60 cm高，上面铺一层铁丝网片，也可用竹排代替铁丝网片。为了减少腿病和胸囊肿病发生，可在平网上铺一层弹性塑料网。这种饲养方式不用垫料，可提高饲养密度20%以上，降低劳动强度，减少球虫病的发生。缺点是一次性投资大，饲养大型肉鸡胸囊肿的发病率高。

3. 笼养　目前欧洲、美国、日本利用全塑料鸡笼，已使肉鸡笼养工艺在实践中得到应用。国内已重视饲养肉鸡笼具的研制工作。从长远的观看点，肉用仔鸡笼养是发展的必然趋势。肉鸡笼养可提高饲养密度2～3倍，劳动效率高，节省取暖、照明费用，不用垫料，减少了球虫病的发生，缺点是一次性投资大，对电的依赖性大。

4. 笼（网）养与平养相结合　不少地区的肉鸡饲养者，在育雏取暖阶段采用笼（网）养，转群后改为地面厚垫料饲养。这种方式由于前期在笼（网）养阶段体重小，胸囊肿发生率也低，细菌病、球虫病大为减少，提高了成活率和劳动生产率。

在对以上肉鸡饲养方式有充分了解之后，可根据当地条件和自身经济状况，选择最适当的肉鸡饲养方式。

（二）肉用仔鸡的饲喂技术

1. 肉用仔鸡的营养需要特点　满足营养需要是充分发挥肉用仔鸡快速生长特点的首要条件。优良品种具有快速生长的遗传潜力，但如果不能满足营养需要，遗传潜力根本发挥不出来。随着营养学科的发展，日粮配合日趋完善，肉鸡生产效益也大为提高。

肉用仔鸡的营养需要特点如下：

(1)要求各种养分齐全充足。任何微量成分的缺乏或不足都会出现病理状态。在这方面，肉用仔鸡比蛋用雏鸡更为敏感，反应更为迅速。

(2)要求高能高蛋白水平，才能发挥最大的遗传潜力，获得最好的增重效果。

(3)要求各种养分的比例平衡适当，才能提高饲料利用率，降低饲料成本。

2. 肉用仔鸡的营养需要量　每个肉鸡育种公司都对自己的商品代肉用仔鸡进行过大量的试验，通过试验总结提出本鸡种肉用仔鸡的营养需要量。各鸡种肉用仔鸡的营养需要量有所不同，又基本相同，大同小异。根据肉用仔鸡营养需要量，选择优质价廉的饲料原料，加工生产出优质全价配合饲料，这是满足肉鸡营养需要的物质基础，也是肉鸡快速生长潜力得以发挥的物质基础。

为了使肉鸡生长的遗传潜力得到充分发挥，应保证供给肉鸡高能量、高蛋白、维生素和微量元素营养成分丰富而平衡的全价配合饲料，提供符合肉用仔鸡生长规律和生长需要的蛋白能量比值。前期应注意满足肉用仔鸡对蛋白质的需要，如果饲料中蛋白质的含量低就不能满足早期快速生长的需要，生长发育就会受到阻碍，其结果是单位体重耗料增多。后期要求肉用仔鸡在短期内快速增重，并适当沉积脂肪以改善肉质。所以后期对能量要求突出，如果日粮不与之相适应，就会导致蛋白质的过量摄取，从而造成浪费，甚至会出现代谢障碍等不良后果。肉鸡从前期料改变为后期料的时间，单就饲料的价格而言，应以尽早才合算，但过早会影响肉鸡的生长发育，反而不利于总的饲养效果。在生产中，要避免不管饲料营养水平是否符合肉用仔鸡的营养需要，单纯以低价取饲料的方法，因为不同的饲料的差价，反映在饲养效果上也不一样，结果是便宜的饲料反不如成本稍高的饲料盈利多。快大型的肉用仔鸡，饲料中能量水平在12.97～14.23 MJ/kg范围内，增重和饲料效率最好；而蛋白质含量以前期22%、后期20%的水平生长最佳。根据我国当前的实际情况，肉用仔鸡饲料的能量水平以不低于12.13～12.55 MJ/kg，蛋白质含量前期不低于21%、后期不低于18%为宜。

肉用仔鸡的饲养可分为两段制和三段制。两段制是0～4周龄喂前期饲料，属育雏期；4 周龄以后则喂后期饲料，属肥育期。我国肉用仔鸡的饲养标准属两段制，已得到广泛应用。当前肉鸡生产发展，总的趋势是饲养周龄缩短，提早出栏，并推行三段制饲养。三段制是 0～3 周龄喂前期料，属育雏期；4～5 周龄喂肥育前期料，属中期；6 周龄到出售喂肥育后期料。三段式更符合肉用仔鸡的生长特点，饲养效果较好。

3. 实行自由采食　从 1 日龄开始喂料起一直到出售，对肉用仔鸡应采用充分饲养，实行自由采食，能吃多少饲料就投喂多少饲料，而且想方设法让其多吃料。如增加投料次数，炎热季节加强夜间喂料等。通常肉用仔鸡吃的饲料越多，长得越快，饲料利用率越高。

4. 料型　喂养肉用仔鸡比较理想的料型是前期使用破碎料，中、后期使用颗粒料。采用破碎料和颗粒饲料可提高饲料的消化率，增重速度快，减少疾病和饲料浪费，延长脂溶性维生素的氧化时间。在采用粉料喂肉用仔鸡时，一般都是喂配制的干粉料，采取不断给食的方法，少给勤添，保持经常不断料。为了提高饲料的适口性，使鸡易于采食，促进食欲，在育雏的前 7～10 天可喂湿拌料，然后逐渐过渡到干粉料，这对提高育雏期的成活率，提高肉用仔鸡的早期生长速度比较有利。

应注意防止湿拌料冻结或腐败变质，当饲料从一种料型转到另一种料型时，注意逐渐转变的原则，完成这种过渡有两种方法：一是在原来的饲料中混入新的饲料，混入新饲料的比例逐渐增加；二是将一些新的喂料器盛入新的饲料放入舍内，这些喂料器的数量逐日增加，盛原来饲料的喂料器则逐步减少。无论采用哪种过渡法，一般要求至少要有 3～5 天的过渡时间。

5. 喂料次数和采食位置　一般采用定量分次投料的方法，喂饲次数可按 1 周龄每天 6 次，2 周龄每天 5 次，3 周龄每天 4 次，4 周龄每天 3 次，一直到出售。增加喂料次数可刺激鸡的食欲，减少饲料的浪费，但也不宜投料次数过多。否则，不仅影响鸡的休息，而且对于饲料的消化吸收和鸡的生长也不利。另外，由于多次喂料，每天每次喂料量就较少，容易出现强弱分离，鸡群均匀度降低，反而影响全群增重。喂养肉用仔鸡应有足够的喂料器，可按 1 周龄每 100 只鸡使用一个雏鸡运输箱喂料，1 周龄后依每只鸡应有 5 cm 以上的采食位配置料桶喂料器（20～30 只鸡一个），应注意料桶的边缘与鸡背等高（一般每周调整一次），以防饲料被污染或造成饲料浪费。

6. 饮水　饲养肉用仔鸡应充分供水，水质良好，保持新鲜、清洁，最初 5～7 天饮温开水，水温与室温保持一致，以后改为饮凉水。通常每采食 1 kg 饲料需饮水 2～3 kg，气温越高，饮水量越多（表 7-1-1）。

表 7-1-1 肉用仔鸡每天大约需水量 kg/1 000 只

日龄	温度		
	21℃	32℃	38℃
1	40	50	60
2	90	100	130
3	140	175	210
4	200	250	300
5	270	340	400
6	340	420	510
7	400	490	600
8	470	590	700

一般每 1 000 只成年肉鸡需要 30 个 6 kg 的饮水器或 10 个普拉松自动饮水器。不论使用何种饮水器,每只鸡至少应有 2.5 cm 的直线饮水位,饮水器边缘的高度应经常调整到与鸡背高度一致,饮水器下面的湿垫料要经常更换。每天早、晚应注意消毒和清洗饮水器,及时更换上新鲜的水,保持饮水器中经常不断水,而且将饮水器均匀地摆放在喂料器附近,使鸡只很容易找到水喝。

【技能训练】

运用所学知识,进行肉用仔鸡的饲喂。

任务二　肉用仔鸡饲养环境的控制

【知识目标】

掌握肉用仔鸡饲养的环境控制技术。

【能力目标】

能根据实际情况对肉用仔鸡的饲养环境进行调控。

【材料和用具】

畜禽饲养技能实训教学系统。

【内容和方法】

一、温度

肉用仔鸡有1/3左右的时间需要供暖，因此控制适宜的温度就显得特别重要，它对于提高成活率、生长速度及饲料利用效率意义极大。与蛋鸡比较，肉鸡对温度的要求有两个显著特点：第一个特点是肉鸡要求有适当的温差，特别是前期。因为适当的低温可以刺激食欲，提高采食量，从而促进生长。第二个特点是脱温后舍内温度要求较为严格，以保持在20℃左右最好。因为温度在20℃以下，温度越低维持需要的能量消耗越大，饲料效率低。温度在20℃以上，温度越高采食量越低，饮水量越多，增重速度降低。通常情况下，通过鸡群本身的表现就可判断温度是否适宜。鸡只分散均匀，食欲旺盛，为温度合适。鸡只分群挤堆，靠近热源，为温度过低。鸡只张开翅膀喘气，远离热源，大量饮水，为温度过高。饲养者应经常观察鸡群的这种动态，注意随时调节控制好适宜的温度，才能获得良好的饲养效果。养育肉用仔鸡的温度通常可参考育雏的温度，但要注意掌握温度不可偏高，特别是后期更是如此。

肉用仔鸡生长快，饲养密度大，后期皮下已积存一定量脂肪，所以前2周温度稍高无甚影响，从第三周起应注意降温，否则会影响生长速度，增加死亡率和降低屠体等级，供温标准可掌握在第一、二天35～33℃，以后每天降低0.5℃左右，从5周龄开始维持在21～23℃即可。根据鸡群和天气情况应注意“看鸡施温”，以鸡群感到舒适，采食、喝水、活动、睡眠等正常为最佳标准。切忌温度忽高忽低，寒冷季节不能使鸡受到贼风的侵袭，炎热天气应注意防暑降温。

二、湿度

肉用仔鸡适宜的相对湿度范围是55%～65%。最初10天可高一些，这对促进卵黄吸收和防止雏鸡脱水有利；以后相对湿度应小些，保持舍内干燥，以防垫料潮湿，引起球虫病等。

三、通风

由于肉鸡饲养密度大、生长快，加强舍内环境通风，保持空气的新鲜是非常必要的。通风的目的是减少舍内有害气体，增加氧气，使鸡体处于健康的正常代谢之中；同时通风又能降低舍内湿度，保持垫料干燥，减少病原繁殖。鸡舍通气不良，舍内有害气体含量过高，时间较长，不仅影响肉鸡生长速度，还可能引起呼吸系统疾病。当氨气浓度长时间超过0.02%时，鸡眼结膜受刺激，可能导致失明。因此，在注意温度的同时，根据天气的状况（特别是早春、晚秋和寒冷的冬季）应经常通风换气。密闭式鸡舍开启风扇，开放式鸡舍要调节门窗、通气孔、帘布开启的大小，以使舍内保持空气新鲜。对于3周龄以上的鸡，尤其应注意加强通风换气。

四、光照

光照的目的是延长肉仔鸡的采食时间，促进生长，但光线不宜过强。一般第1周23 h的光照1 h的黑暗；从2周龄起，白天利用自然光照，夜间每次喂料、饮水时可开灯照明0.5～1 h，然后黑暗2～4 h，采用照明和黑暗交错进行的方式。光照强度的原则是由强到弱。1～2周龄2.7～3.5 W/m^2（灯高2 m，灯距3 m，带灯罩），可帮助小鸡熟悉环境，充分采食和饮水。从3周龄起1.3～2.1 W/m^2 的光照强度即可。为保持整个舍内光照强度均匀，最好用功率小于60 W的灯泡，均匀安装并加灯罩。应注意随时更换破损灯泡，每周将灯泡擦拭一次，以保持舍内适宜的亮度。对不同光照制度的研究证明：每天24 h内给予1～2 h的光照与2～4 h的黑暗交替循环进行的光照方案比连续光照增重快、死亡率低、饲料报酬高。

五、密度

密度的完整概念应包含三方面的内容，一是每平方米面积养多少只鸡，二是每只鸡占有多大食槽位，三是每只鸡饮水位够不够，三方面缺一不可。肉用仔鸡适合于高密度饲养，但究竟密度多大为好，要根据具体条件而定。譬如，在垫料上饲养以密度适当低些为好，在竹竿网上饲养密度可以高一些。通风条件好密度可高一些，通风条件差密度应低一些。前期密度则不能以体重来计算。入雏时每平方米可养到30只，以后逐渐疏散调整，最后控制在表7-2-1和表7-2-2范围内。

表7-2-1 肉用仔鸡不同季节饲养密度 只/m^2

周龄	春季	夏季	秋季	冬季
1	30～35	25～30	30～35	35～40
2	25～30	20～25	25～30	30～35
3	20～25	15～20	20～25	25～30
4	15～20	10～15	15～20	20～25
5	10～15	9～10	10～15	15～20
6	9～10	8	9～10	9～10
7	8	8	8	8
8	8	8	8	8

饲养密度是否恰当，对能否养好肉用仔鸡和充分利用鸡舍有很大影响。肉用仔鸡平面垫料饲养时，每单位面积饲养的只数决定于肉用仔鸡体重的大小。如果饲养密度太大，鸡的生长发育就会受到抑制，同时个体间体重差异大，发育不良的个体增多，易出现啄癖，死亡率也增高。网上平养和笼养方式比地面垫料平养饲养密度可提高30%～100%。冬季通风条件好，饲养密度可高一点；夏季通风条件差，饲养密度应适当低些。地面垫料平养密度参见表7-2-2。

表7-2-2 不同体重肉鸡的饲养密度(地面垫料平养)

每只鸡活重/kg	每平方米饲养数量/只	每平方米活重/kg
1.4	18	25.2
1.6	16	25.6
1.8	14	25.2
2.0	12.6	25.2
2.2	11.5	25.3
2.3	11	25.3
2.4	10.5	25.2
2.6	9.6	25.2
2.7	9.3	25.2
3.2	7.8	25.2

【技能训练】

运用所学知识，对肉用仔鸡的饲养环境进行控制。

项目八　种鸡的饲养管理

任务一　蛋用种鸡的饲养管理

【知识目标】

掌握蛋用种鸡的饲喂及管理技术。

【能力目标】

能对蛋用种鸡进行正确的饲养管理。

【材料和用具】

畜禽饲养技能实训教学系统、蛋用种鸡、视频资料等。

【内容和方法】

一、常见蛋鸡的品种及特点

“好种出好苗”，优质鸡苗是养鸡获得高效益的前提，优良的品种及健壮的雏鸡可提高养殖效益20％～30％。蛋鸡品种主要有褐壳蛋鸡、白壳蛋鸡、粉壳蛋鸡，下面将对其分别进行简单介绍。

（一）褐壳蛋鸡

1．褐壳蛋鸡优点

(1)体形较大，蛋重大。

(2)蛋的破损率较低，适于运输和保存。

(3)鸡的性情温顺,对应激敏感性低,易于管理。

(4)产蛋量较高。

(5)耐寒性好,冬季产蛋率较平稳。

(6)啄癖少,死淘率低。

(7)杂交鸡可用羽色来鉴别雌雄。

2. 褐壳蛋鸡缺点　日采食量比白壳蛋鸡多5～6 g,每只鸡所占面积比白壳蛋鸡多15%左右;蛋中较易出现血斑、黑斑等;耐热性较差。

目前我国养殖的主要蛋鸡品种为伊莎褐、迪卡褐、罗曼褐、海赛克斯褐等。

(二)白壳蛋鸡

白壳蛋鸡是以来航品种为基础培育而来的。

1. 白壳蛋鸡优点

(1)体形较小,耗料较少。

(2)开产早,产蛋量高。

(3)产蛋饲料报酬高,饲养密度高,相对所得的总蛋数多。

(4)适应性强,各种环境条件下均可饲养。

(5)蛋中血斑和肉斑率很低。

(6)适合集约化笼养管理。

2. 白壳蛋鸡缺点　蛋重小,神经质,胆小怕人,抗应激性较差,啄癖多,特别是开产初期啄肛造成的伤亡较多。

(三)粉壳蛋鸡

粉壳蛋鸡结合了白壳蛋鸡和褐壳蛋鸡的优点,体形在二者之间,产蛋率高,饲料报酬大,相对来说比白鸡抗应激能力强,目前在我国的养殖量在逐渐增加,其中养殖较多的是海兰灰、京粉1号、罗曼粉等。

二、蛋种鸡育雏期的饲养管理

管理目标:鸡群健康,鸡只体重周周达标,均匀度在85%以上,骨骼发育良好。

蛋种鸡育雏期通常指0～6周龄阶段,此期间雏鸡从环境条件舒适的孵化器中,经过外界环境很难控制的运输环节,到达育雏场,另外加上雏鸡体温调节机能、消化机能不健全,非常容易出现饲料利用率低,易发病、死淘率升高,或增重不足、均匀度差,发育不良等情况,如果此期间出现问题,以后的饲养管理将无法弥补。因此,无论多么优秀的种鸡品种,在饲养管理中,育雏期都是关键的时期。只有细致、科学的饲养管理，抓住各管理要点，才能培育出符合品种生长发育特征的合格鸡群，才能为产蛋阶段生产性能的充分发挥打下基础，保障种鸡优异的遗传潜力的发挥，进而提高生产者的生产效益。

（一）育雏期的饲养管理要点

育雏期的目标是保证成活率，达到标准体重和较高的均匀度。

1. 温度

(1) 育雏准备阶段　进雏前（冬天前 3～5 天，夏天前 2～3 天）开始提温，启动育雏伞和舍内供热系统，将伞下垫料温度升到 30～50℃，围栏边缘温度 26～28℃。

(2)育雏期　第一周：第一天前 12 h 舍内温度 28～32℃，随后可调至 26～28℃，不可有贼风。育雏伞在雏鸡刚到场时应放低，调整加热控制器一直加热，使伞下温度达到 38～40℃，将因抢水而浸湿的羽毛烘干，鸡群开始向围栏内分开后，逐渐升高育雏伞，最高升到距垫料 40 cm，锁定高度后开始调整加热控制器到 33～36℃。第二周：伞下温度 28～30℃，舍温 24～26℃。第三周：伞下温度降至 26～28℃，舍温 24～26℃（不一定调低温度，可以提高伞的高度，以提供适宜的更大的温区）。第四周：育雏伞可逐渐撤除，舍温每周 1～2℃向下递减，直到减到 18～20℃时恒定温度。

2. 育雏期湿度　前 3 天相对湿度要求不低于 50%～70%。

注意：通过观察鸡群的动态，判定温度高低：温度过高，鸡群远离育雏伞等热源，张嘴呼吸，两翅下垂；温度低时，鸡群出现扎堆；及时调节育雏伞温度及舍内温度的高低，以达到整个鸡群均匀分布为宜。

3. 饮水与饲喂

(1)饮水　进鸡前 30 min，往饮水器内加 1/3 左右的含 2%葡萄糖和电解质的温开水，饮水温度 20～24℃，以促进卵黄吸收和防止细菌感染的发生。

(2)开食　即第一次吃饲料，一般在初饮后 30 min 开始，此时鸡群已经稳定，饲料放入开食盘中或撒在垫料上铺垫的专用纸上，必须保证有足够的料位及饲料质量。

4. 光照

(1)光照强度　0～6 周龄舍内光照要求较强，可安装 22 W 节能灯；育雏伞下可使用 100 W 灯泡。

(2)光照时间　1～3 日龄光照 23 h，4～7 日龄 21 h，以后每周至少减少 1 h，直到 9 周龄；根据体重情况 9 周龄后光照时间控制在 10～13 h；18 周龄光照时间为 13 h。

注意：在育雏前就要进行鸡舍全方位的遮光处理，保证在育雏期鸡舍无漏光、透光的现象；各光照程序的设定要保证鸡群有足够的采食时间，确保体重达标；整个生产过程中光照时间和强度不得随意更改，发生停电等意外事件时，计算停电时间，如果停电时间超过 30 min，来电后需要对鸡群进行补光。

5. 通风换气　一般不存在降温的目的（高温高湿天气需考虑降温），仅换气即可。育雏第 1 天：舍外温度 30℃以上时，接鸡后 2 h 可以开部分侧窗进行换气（要验证鸡群分布情况）；舍外温度 30℃以下，可以推迟到 6 h 后换气；有小尺寸风机的，可以进行自动定时控制，但要观察雏鸡的分布。

通风换气时，必须做到整个鸡舍气流速度基本保持一致，无死角、无贼风。

6. 断喙及称重、分群

(1)雏鸡断喙　一般以 7～10 日龄为宜，一般上喙切 1/2，下喙切 1/3，用断喙器烙烫，使毛细血管结痂为止。断喙前、中、后 3 天在饲料中拌入维生素 K_3，同时加入多维、电解质，以减少应激反应，并在断喙后增加饲料的高度，减少意外伤害。

(2)体重的监测、分群　每周末进行体重监测，监测平均体重是否达到品种标准，并将达不到标准体重的鸡单独分群饲养，同时适当延长体重不达标鸡群的光照时间和各种育雏料的使用时间，以确保体重不达标的鸡及时达到标准体重。

(二)育雏期应注意的问题

1. 细菌感染　大多是由种鸡垂直传染或种蛋保管及孵化过程中卫生管理上的失误引起的，但场区卫生问题也是引起细菌感染的重要因素，必须加强育雏期饲料、垫料、饮水卫生的管理。

2. 环境因素　第一周的雏鸡对环境的适应能力较低，温度过低鸡群扎堆，部分雏鸡被挤压窒息死亡；由于在温度控制上的失误，雏鸡也会因腹泻等疾病而死亡。

3. 降低死亡率　一是生物安全工作要到位；二是要控制好育雏期的环境；三是育雏期应做好各种疫苗的首免和药物预防；四是加强各项员工操作和设备维护的管理，减少意外死亡。

4. 保证鸡群体重达标　一是要供给优质的饲料；二是要科学有效地进行体重监测、分群管理；三是采取合理的饲养密度和光照制度；四是提前预防雏鸡各阶段的常发病。

三、蛋种鸡育成期的饲养管理

管理目标：鸡群体形指标符合品种标准，群体均匀度好，健康无病，适时开产。

育成鸡是指7～20周龄的鸡只。蛋鸡育成期是成年鸡体形的决定期，是高产潜力的决定期。鸡群在育成期主要完成骨骼、体重、输卵管及卵巢发育。该时期鸡群需要较高的能量，以保证体重的增长，从而实现鸡群的高产、稳产，正常发挥生产性能。

（一）育成鸡的生理特点

机体各种代谢机能由不健全或不完善到逐渐健全或者完善。免疫机能、内分泌调节机能等到此变为正常。

（二）育成期的生长发育特点

（1）育成前期　鸡的骨骼、肌肉、非生殖的内脏器官及系统生长速度较快。

（2）育成中期　肌肉生长仍然很快，但骨骼生长速度明显下降。

（3）育成后期　决定成年鸡的体形、产蛋潜力。此时期鸡的大部分器官的生长发育基本完成，生殖系统快速生长发育，脂肪沉积能力逐渐增强。

（三）育成鸡的营养特点

为使育成鸡适时开产，避免过肥和早熟，降低脂肪的沉积，并为后期控制体重做好准备，此阶段日粮的蛋白质水平不宜过高，含钙不宜过多。一般要求7～14周龄日粮中粗蛋白含量为16%；14～20周龄粗蛋白含量为12%～14%；随着日龄的增加，饲料的营养水平逐步下降，主要增加含有粗纤维的饲料，但维生素、矿物质要满足需要，尤其要保证骨骼发育，因此钙磷比例要合理，一般为（2.0～2.5）∶1。

（四）育成鸡的饲养管理

1.合理进行日粮过渡　传统的饲养法是0～6周龄喂雏鸡日粮，7周龄后开始饲喂能量、蛋白水平均低于雏鸡日粮的育成鸡日粮。这种饲养方案没有考虑鸡群的差异，可能对体重、胫长不足的鸡群构成很大危害。传统饲养法的弊端是大多数鸡群6周龄体重难以达标。实际上，雏鸡日粮的饲喂可延长至8～10周龄，即使6周龄体重达标，如继续喂雏鸡日粮到8～10周龄，无非是每只鸡多消耗2枚蛋左右的成本，但实践证明这种投资是利大于弊的。因为雏鸡10周龄之前主要还是长骨骼、肌肉、内脏器官等，增加体重的有效成分，脂肪增加较小。这种延长饲养法可使体重不足并具有潜在问题的鸡群体重达标，其“补偿”的生产效益十分显著，可保证产蛋高峰期发挥出最大的遗传潜力。体重大的育成鸡，特别是16周龄前体重大的鸡，高产性能好；16周龄前体重小，16周龄后“补偿”增重的鸡多是体格小而肥的鸡，产蛋性能不佳。我国2004年饲养标准要求7～8周龄继续采用雏鸡日粮标准，此后应用育成鸡标准。9～18周龄，代谢能11.70 MJ/kg，粗蛋白15.5%。

2.合理应用限制饲喂制度　限制饲喂的核心是控制鸡的生长，抑制性成熟，节约饲料，减少产蛋期死亡率，提高群体体重均匀度。限饲方法一般采用限量法和限质法。

3.保证充足、清洁饮水　保证每只鸡有足够的饮水位(3 cm)。

4.喂沙砾　有助于肌胃(砂囊)研磨饲料，每周每1 000只鸡2～3 kg；沙砾规格：直径4 mm左右。

四、蛋种鸡产蛋期的饲养管理

管理目标：产蛋前期高峰上得快，高峰期维持时间长，产蛋后期下降缓慢，整个产蛋期死淘率低。

(一)产蛋前期(20～22周龄)的饲养管理

管理目标：体成熟与性成熟一致，储备体能，适时开产。这个时期的饲养管理是否符合鸡的生长发育和产蛋的要求，对整个产蛋期间的产蛋量影响极大。

1.生理变化特点　育成鸡从18周龄左右进入产蛋鸡舍，体重迅速增加，生殖系统也迅速发育。卵巢上的卵泡大量快速生长，输卵管也迅速变粗变长、重量增加，体重增长和生殖系统生长同时进行，部分鸡开始产蛋，发育好的鸡群产蛋率在20周龄达5%，22周龄达50%，24周龄达80%，所以这个时期鸡对饲料中的各种养分和外界环境条件均要求十分严格。

产蛋鸡开产前，体内发生了很大的生理变化，无论是肉体还是精神上都处于一种生理应激状态，再加上转群、免疫、驱虫等影响，机体抵抗力明显下降，容易发生各种疾病。

2. 饲养管理措施

(1)适时转群,按时接种、驱虫　蛋鸡入笼工作最好在18周龄前完成,以便使鸡尽早熟悉环境。过迟易使部分已开产鸡停产,或使卵黄落入腹腔引起卵黄性腹膜炎。在上笼前或上笼的同时应接种新城疫、减蛋综合征、禽流感及其他疫苗。入笼后最好进行一次彻底的驱虫,对体表寄生虫如螨、虱等可用喷洒药物的方法,对体内寄生虫可内服丙硫咪唑20～30 mg/kg体重,或用阿福丁(虫克星)拌料中服用。转群、接种前后在料中应加入多种维生素、抗生素以减轻应激反应。

(2)适时转换产蛋料　为了适应鸡体重增加、生殖系统发育和对钙的需求,可从18周龄开始喂产蛋鸡料,20周龄起喂产蛋高峰期料。同时在料中额外添加1倍量多种维生素。这个时期应当取消限饲,让鸡自由采食。在开灯期间槽中始终有料。

(3)增加光照时间　在18周龄时,如果鸡群体重达到标准,可每2周增加光照30 min,直到产蛋率达到最高峰时光照总时数达到每天16 h为止。如果鸡群体重较轻,发育较慢,可在增加喂料的同时推迟到20周龄增加光照时间。在产蛋期间光照的原则是时间不能缩短,强度不能减弱。

(4)为鸡创造舒适的环境条件　产蛋鸡最适合的温度是13～23℃,冬季最好能保持在10℃以上,夏天最好能保持在30℃以下。保持室内空气流通,防止各种噪声。保持环境和喂料、饮水、光照等的稳定性。

(5)搞好疫病防治工作

①鸡入笼后在饲料或饮水中加抗生素,如氟哌酸、环丙沙星等,每4～5周投药1周,以预防大肠杆菌病、沙门氏菌病、肠炎等。

②定期在料中额外添加1倍量多种维生素,以适应鸡的产蛋需要和减轻各种应激反应,提高对各种疾病的抵抗力。

③加强卫生管理,执行合理的免疫程序,坚持带鸡消毒和环境消毒制度,防止疫病传入。密切注意产蛋率的上升幅度是否符合标准,密切注意外界环境对鸡群的任何微小影响。

(二)产蛋高峰期(23～40周龄)的饲养管理

管理目标:鸡群产蛋率、种蛋率、受精率高,且维持时间长。

1. 饲喂管理

(1)原则　依据鸡只采食规律,满足每只鸡生产所需要营养。

(2)日耗料标准　参考饲养品种日耗料标准。

(3)日耗料规律　依据鸡只的采食规律,可以将一天划分为四个阶段,分别为产蛋前(占一日采食总量的16.7%),产蛋后2～3 h(占一日采食总量的26.4%),

中午 12:00～14:00(占一日采食总量的 27.1%),晚上熄灯前 2～3 h(占一日采食总量的 29.8%)。

(4)饲喂方法 每天饲喂 5 次,建议时间为 5:30、8:00、11:30、13:00 和16:30;每天匀料 3 次,建议时间为 10:00、15:00 及熄灯前 1 h。

2.饮水管理

(1)原则 确保饮水充足、卫生。

(2)饮水与体重的关系 鸡只的饮水量决定了鸡只采食的意愿,饮水不足,严重限制鸡只的采食;料水比例要根据不同的气温调整,一般为 1∶(1.5～2.5)。

(3)日饮水规律 依据鸡只的饮水规律,可以将一天划分为三个阶段,分别是产蛋后 1～2 h(占一日饮水总量的 31.1%),中午 10:00～13:00(占一日饮水总量的 27.2%),晚上熄灯前 2～3 h(占一日饮水总量的 41.8%)。

(4)饮水管理 每天查水四次,若发现供水不足,要检查过滤器压力表、减压阀压力,检查有无漏水、饮水乳头是否损坏。

(5)饮水卫生 为减少疾病的发生,需要严格控制饮水卫生。要选择远离污染的水源;每周反冲过滤器 1～2 次;饮水管定期消毒。同时,每 15 天或当过滤器出水一端的压力表数值低于进水端压力表时,冲洗过滤器。

3.增重管理

(1)做好体重监测 从 4 周龄起至产蛋高峰前每周称重一次,一般选择在每周同一天早晨喂料之前进行体重监测,称重鸡只的选择要兼顾到鸡舍的前中后和上中下各层,料线始末的个体均应称重,需特别强调的是称重鸡只确定后不得再更改。抽测鸡只比例应为整栋鸡群数量的 5%～10%。

(2)针对性管理 若群体均匀度高于 80%,体重均值低于标准体重,建议增加喂料次数,喂料时增加空转料次数 2～3 次,以刺激鸡只的食欲,可提高日采食量 1～2 g;饲喂潮拌料或用消毒枪在料槽内喷洒少量的清水,提高适口性,可提高日采食量 3～5 g。为提高鸡群采食量,可采取夜间补光的方法。夜间补光原则为前暗区要长于后暗区,且后暗区不得小于 2.5 h,通过增加夜间光照可提高日采食量 10～13 g;增加饲料的营养浓度,提高蛋白质、维生素等营养物质的含量,每周可平均增重 5～30 g。

若群体均匀度低于 80%,体重均值高于标准体重,建议及时挑选,精细管理。

(三)产蛋中期(41～53 周龄)的饲养管理

管理目标:产蛋率保持稳定,并维持适宜的体重。鸡群生产性能趋于平稳,腹部脂肪沉积加快,易出现大肚鸡现象。此时管理的要点是坚持每周称重,依据鸡只体重情况及蛋重情况进行限饲,减少腹部脂肪沉积,实现产蛋的持续性。

1. 饲料管理　适当控制采食量，预防脂肪肝。

2. 防疫管理　关注抗体水平，及时补免；饮水管定期消毒。

（四）产蛋后期（54 周龄至淘汰）的饲养管理

管理目标：确保鸡群生产水平平稳下降。

1. 人员管理　鸡舍饲养员应相对稳定，尽量减少人员更换，减少由于人员操作流程不熟悉给鸡群造成的应激。

2. 饮水管理　每 15 天用 0.01% 的高锰酸钾消毒饮水管线，消毒时最好用压力泵从饮水管的进水端向出水端打入，以便将饮水管里的杂质冲出，做到彻底消毒。

3. 喂料管理　鸡群到了后期由于高峰期的高产过程，机体耗能较大，所以后期更要重视喂料管理，保证每只鸡每天都能采食到全价饲料，保证营养均衡，每次喂料厚度不超过 1 cm，遵循少喂勤添的原则，尤其在夏季，每天饲喂 4～6 次，刺激鸡群采食。

4. 光照管理　光照时间只增不减，后期的光照时间以 16 h 为宜，光照强度为 15～20 lx，切忌光照时间不稳定，扰乱鸡只的生物钟，使激素分泌紊乱，导致产蛋下滑，影响全程指标的发挥。

5. 卫生管理　鸡群进入产蛋后期必须保证舍内环境的卫生，每周用消毒液擦拭一次饮水管、饮水嘴，避免细菌病的发生；粪板、笼下、粪沟的粪便要每天清理。

6. 防疫管理

（1）车辆管理　在防疫工作中重视车辆的管理，杜绝外来车辆进入场区，必须进入场区的种蛋车、料车、粪车要经过两次消毒且消毒后停留 20～30 min 方可进入场区，切断传播途径。

（2）环境消毒　场区及场区周围每天消毒四次，在周边疫情严重时全天消毒，杀灭空气中的细菌和病毒。

（3）免疫管理　密切关注流感抗体和新城疫抗体的变化，新城疫抗体值在 9～11 之间，流感抗体值在 6～8 之间，超出此范围要及时进行补免，如果没有抗体检测条件，新城疫每 2 个月免疫一次，流感每 3～4 个月免疫一次，尤其到后期一定要关注抗体的变化，否则出现问题损失巨大。

（4）预防肠炎　鸡群到了产蛋后期容易感染肠炎，要重视饲料的管理，避免采食到发霉变质的饲料，其次要定期投喂预防药物。

7. 温度和通风管理　鸡群产蛋的适宜温度为 18～24℃，适宜湿度为 55%～65%，所以无论春夏秋冬外界环境怎么变化，都要使鸡舍的温度保持在 18～24℃ 之间，便于产蛋性能的发挥。使用手动风机控制鸡舍通风时，一定要根据外界气温情况及时、随时进行调整，切忌温度忽高忽低，避免呼吸道疾病的发生；若使用Ac-2000自动通风系统，要根据存栏量、日龄、体重、进风口、风机个数等设定好各项参数，使其按照设定目标运转，达到鸡舍温度、通风稳定的目的。

8.及时淘汰　及时淘汰亚健康鸡只和低产鸡只，便于节约饲料和减少疾病的传播概率。淘汰时饲养员根据鸡只的外貌特征准确判断，淘汰后不要并笼，以免发生啄斗。

【技能训练】

运用所学知识，进行蛋用种鸡的饲养管理。

任务二　肉用种鸡的饲养管理

【知识目标】

掌握肉用种鸡的饲喂及管理技术。

【能力目标】

能对肉用种鸡进行正确的饲养管理。

【材料和用具】

畜禽饲养技能实训教学系统、肉用种鸡、视频资料等。

【内容和方法】

一、肉种鸡饲养管理的基本要点

(一)健康要求

全进全出的生物安全体系；符合当地的科学的免疫程序；适当时间的预防性投药；有利于肉种鸡生长的饲养环境；科学的精心管理并减少应激。

(二)营养需求

饲料营养成分配比(氨基酸及钙磷比例)合理；高质量不霉变的饲料；以最低的饲料成本来获取最大的生产性能。

(三)体重控制

在育雏育成期，尽可能按照体重标准进行饲养；在产蛋期，除保持种鸡少量增重外，尽可能避免种鸡过度超重或失重，使其获得最佳生产性能。喂料是影响体重的主要因素之一。在实际生产中，制定每周的喂料量时，应该“瞻前顾后，循序渐进”。既要参考前3周的喂料量，同时又要预定后3周的喂料量。育雏育成期，每周喂料量增加的幅度依据饲料浓度、环境条件以及鸡只体重的增量来决定。开始时，每周的喂料量增幅应较少，以后逐渐加大增幅。而在产蛋期，喂料量的变化主要依据产蛋率、蛋重、饲料浓度、环境条件以及鸡只体重的增加来决定。产蛋高峰过后，饲料的减幅较大，以后，随着产蛋率的平稳下降，减料幅度应稳定在一个较低的水平上。每周定期称重是检验喂料量是否标准的重要依据，通过实际称重结果，可以及时调整每周的喂料量。另外，每周的定期称重不仅为管理者提供鸡群喂料及均匀度的重要信息，而且，更为重要的是，这可使管理者更为全面地掌握鸡群的基本发育情况。

（四）均匀度的控制

生长发育一致的鸡群，对光照刺激的反应一致，对增加饲料的反应也较好，可以获得较理想的产蛋高峰，且其高峰期持续时间也较长。因此，整个生产期的生产性能和生产效益都比较理想。

影响均匀度的两个主要因素是遗传因素和管理因素。在生产过程中不能左右遗传成分，但可以通过管理方法来提高均匀度。

实践证明，越早控制均匀度效果越好。分圈饲养、定期挑鸡是提高均匀度的有效办法，此外，适宜的饲养密度、充足的采食和饮水空间、合理的饲喂和饮水程序、良好的鸡舍环境等，都是提高均匀度的基本保障。

（五）环境控制

有效控制通风、温度和湿度，能最大限度地发挥肉种鸡的生产性能。

二、育雏前的准备工作

1. 清洗消毒　消灭病原微生物，切断传播途径，确保鸡群健康，杜绝垂直传播。

2. 饮水系统的清洗　含有清洁剂的饮水在水箱内至少保留4 h，用清水冲刷后排掉，并在进鸡前加入清水，刷洗水箱的同时不要忘了刷洗水线。塑料水箱和水管，由于存在静电特性从而易于细菌吸附，在饮水中使用维生素和矿物质易于形成水垢和其他物质的聚合。在两批鸡之间使用高浓度的次氯酸钠或复合过氧化氢溶液可以溶解水管内的水垢，如果当地矿物质（特别是钙和铁）含量高，再冲洗时应加入一些酸。

3. 铺垫料　在雏鸡到场1周前铺5～7 cm厚的垫料，垫料具备吸湿性、疏松性、干净卫生。

4. 鸡舍预温　鸡舍提前预温，有利于鸡舍地面、墙壁、垫料等在雏鸡到达前有足够的时间吸收热量；有利于排除残余的甲醛气体和潮气。建议冬季育雏时，鸡舍至少提前3天预温；夏季育雏时，至少提前1天预温，并使雏鸡到场时伞下垫料温度达到30～33℃。

5. 饮水预温　雏鸡到场时，水温达到27℃以上。

一般按照育雏密度对育雏用具进行合理布置，如表8-2-1所示。

表8-2-1　育雏用具配置(垫料平养，11只/m^2)

用具	配置
采食用具	
料槽	5 cm/只
圆形料斗	8～12只/桶
圆形料盘	30只/盘
饮水用具	
水槽	2.5 cm/只，8～10只/个
乳头饮水器	8～10只/个
钟形饮水器	1.25～1.5 cm/只

三、育雏期的饲养管理

(一)接雏

1. 开水　第一天在水中加入3%～5%的多维葡萄糖。

2. 开食　雏鸡充分饮水1～2 h后，要及时给料。第一次给料多添一些，方便小鸡很快吃到料，以后应少给勤添，这样可刺激鸡的食欲。

3. 称重与入舍记录　在雏鸡开水开食前，留下几盒雏鸡用于称取初生重。公母分别称取2%～3%。统计并记录种鸡路途死亡、入舍死亡及实际入舍数(表8-2-2)。

表8-2-2　进鸡记录表示例

项目	公鸡	母鸡
入舍数/只	1 560	10 400
初生重/g	39	41
初生重均匀度/%	79	81
路途死亡/只	5	15

4.免疫　一般首次免疫安排在雏鸡入舍 12 h 以后。

5.挑雏　及时挑出并淘汰弱雏。

(二)雏鸡管理

目的:为雏鸡提供适宜的温度、湿度、通风,清洁卫生的饮水,优质的饲料等,并进行精心的管理,使雏鸡能够健康、快乐的生长和发育,并达到预期的体重、均匀度及成活率,为今后生产性能的提高奠定良好的基础。

1.育雏温度(表 8-2-3)　育雏前期,鸡只处于消化系统、免疫系统和心血管系统发育的关键时期,如果育雏温度不稳定,将会影响这些器官系统的生长发育,以及机体正常的生理活动和代谢水平。因此,必须确保温度的相对恒定。鸡爪是最易散热的部位之一,正常情况下,雏鸡鸡爪的温度是 35℃左右,因此垫料温度应保持在 30～33℃,以免雏鸡鸡爪和腹部受凉。

表 8-2-3　育雏温度

整舍取暖育雏法		温差育雏法		
日龄	鸡舍温度/℃	日龄	育雏伞边缘温度/℃	鸡舍温度/℃
1	29	1	32	25
3	28	3	31	24
6	27	6	29	23
9	26	9	28	23
12	25	12	26	23
15	24	15	25	22
18	23	18	24	22
21	22	21	23	22

(1)温差育雏法　前 3 天,育雏伞下保持 35℃,此时育雏伞边缘有 32～33℃,而育雏舍其他区域只需要有 25～27℃即可。这样,雏鸡可根据自己的需要,在不同温区进进出出,有利于刺激其羽毛生长,将来脱温后雏鸡将很强壮且很好养。随着雏鸡的长大,育雏伞边缘的温度每 3～4 天降 1℃左右,直到 3 周后,基本与其他区域温度相同(22～23℃)即可。

(2)整舍取暖育雏法　与温差育雏法不同的是,整舍取暖育雏法采用锅炉作为热源,在舍内通过暖气片(或热风机)散热供暖;或者采用热风炉作为热源供暖。雏鸡愿意集合在温度最适合其需要的地方。一般来说,如果雏鸡均匀分散,就表明温度比较理想。在采用整舍取暖育雏时,前 3 天,雏鸡高度的温度应保持在 29～

31℃之间。温度计应放在离地面 6～8 cm 的位置，这样才能真实反映雏鸡所能感受的真实温度。以后，随着雏鸡的长大，在雏鸡高度的温度应每 3～4 天降 1℃左右，直到 3 周龄后，基本降到 21～22℃即可。

冷应激对雏鸡的影响：肠道内物质呈水状和气态。排出的粪便较稀且出现糊肛现象；同时会导致死亡率升高、生长速度降低、均匀度差、应激大、脱水以及较易发生腹水症的后果。

热应激对雏鸡的影响：脱水，导致死亡率高，出现矮小综合征和鸡均匀度差；饲料消耗率降低，导致生长速率低和均匀度差；最严重的情况下，由于心血管衰竭（猝死症）的死亡率较高。

2. 相对湿度　3～4 日龄的相对湿度 65%～70%，此后相对湿度允许在 50%～60%。

温度和湿度的相互作用：在高湿的情况下，蒸发量减少，导致动物体表温度增加；相反，相对湿度降低会降低体表温度。

3. 通风管理　适当通风可以补充氧气，排除湿气、氨气、二氧化碳等有害气体。

4. 饮水管理　饮用水的质量标准见表 8-2-4。

表 8-2-4　家禽饮用水的质量标准

项目	最大可接受水平	备 注
总细菌量	100/mL	最好为 0/mL
大肠杆菌	50/mL	最好为 0/mL
硝酸盐	25 mg/L	3～21 mg/L 的水平有可能影响生产性能
亚硝酸盐	4 mg/L	
pH	6.8～7.5	最好不要低于 6.0，否则会降低生产性能
总硬度	60～180	低于 60 表明水质过软；高于 180 表明水质过硬
氯	250 mg/L	如钠离子高于 50 mg/L，氯离子低于 14 mg/L 就会有害
铜	0.06 mg/L	含量高会产生苦味
铁	0.3 mg/L	含量高会产生明显的金属味
铅	0.02 mg/L	含量高具有毒性
镁	125 mg/L	含量高具有倾泻作用，如果硫水平高，镁含量高于 50 mg/L会影响生产性能
钠	50 mg/L	如硫或氯水平高，钠高于 50 mg/L 会影响生产性能

水量的要求：种鸡管理者要养成触摸嗉囊的习惯，经常触摸嗉囊可以确定正常的饮水量。充足的饮水，嗉囊应柔软顺滑，坚硬的嗉囊意味着饮水量不够。通常饮水量受温度的影响较大，具体参见表 8-2-5。

表 8-2-5　不同温度下饮水量与喂料量的最低比率

温度/℃	水/料/(mg/L)	增减/%
15	1.8	－10
21	2.0	0
27	2.7	＋33
32	3.3	＋67
38	4.0	＋100

5.饮水器管理　保证任何位置的鸡在 1.5 m 内能喝到水。

6.喂料管理　30～50 只雏鸡一个开食盘。认真观察雏鸡的采食情况和嗉囊的充满程度。雏鸡采食 24 h 以后，超过 80％的雏鸡嗉囊应该是满的。48 h 以后，超过 90％的雏鸡嗉囊是满的。到 72 h，所有的雏鸡嗉囊应该是满的。

母鸡的饲喂程序：母鸡在 1～4 周龄都应采用高质量的育雏料，当每只鸡累积消耗 850～900 g 育雏料时，要将育雏料转换为高质量且平衡的育成料，一般在 28 日龄左右换成育成料。一般 1 周龄自由采食，2 周龄以后，当每只母鸡每天消耗大约 30 g 饲料时开始每日限饲。鸡只吃料时间长短的变化可告知饲养管理人员料量给多了还是料量给少了。吃料时间受多种因素的影响，如温度和饲料成分等。当鸡群吃料时间比平常短时，则表示鸡群需要更多的饲料，反之则相反，或存在健康问题，或与饲料相关的问题。

四、育成期的饲养管理

目的：控制环境条件和饲养程序，培育体重均匀、健康的种母鸡和种公鸡，使之体格健壮、体形优美、体况良好，并能适时达到性成熟。

(一)饲养密度

肉用种鸡育成阶段饲养密度见表 8-2-6。

表 8-2-6 肉用种鸡育成阶段饲养密度及用具配置

项目	公母分开饲养		公母混养
	公鸡	母鸡	
饲养密度			
开放式鸡舍/(只/m^2)	3	5.2	5.2
密闭式鸡舍/(只/m^2)	4	6.2	6.2
采食用具			
链式料槽/(cm/只)	20	15	15
圆形料槽(直径为 42 cm)/(只/个)	8～12	12	12
圆形料盘(直径为 33 cm)/(只/个)	8～10	14	12～14
饮水用具			
水槽/(cm/只)	4.0	2.5	2.5
乳头饮水器/(只/个)	8	10	10
钟形饮水器/(只/个)	60	80	80

（二）饲喂设备

无论采用何种饲喂设备，都要确保鸡只在 3 m 之内即可采食。饲喂器的高度随着鸡只的生长而调整，使其上沿始终保持比母鸡背部高出 3 cm 左右。这有助于防止饲料浪费，防止垫料混入饲料中。无论采用哪种饲喂设备，都应该保证鸡只有足够的采食位(但又不能太富余)，以保证所有鸡只都能同时进食。饲喂面积充足可以使饲料分布均匀，同时防止鸡只进食过分拥挤。必须保证在最短的时间内布料完毕(一般不超过 5 min)。(表 8-2-6)

（三）饲料转换

若育雏后期鸡群体重正常，可从第 4 周开始，由育雏料转换为育成料；若育雏后期鸡群体重不足，可以从 5 周龄开始换料。育成后期，若鸡群体重正常，可从 18 周龄开始，由育成料转换为产前料，一直喂到 23 周龄，24 周龄后，再由产前料转换为产蛋料；若鸡群超重，则育成料可以一直喂到 23 周龄，24 周龄后，再由育成料转换为产蛋料。

（四）体重与均匀度

1. *均匀度测定方法* 育成期每周至少称重一次，每次称重最好在同一天的同一时间段进行，如在早晨喂料之前称重，或在下午喂料后的 4～6 h 进行。捕捉围栏的大小应以可圈 50～100 只鸡为宜。每次捉鸡前，应在鸡舍内来回走动，使靠墙边的鸡只活动并离开墙角，以便使鸡群抽样更准确，取样点应分布于鸡舍的前、中、后。一般母鸡抽取1%～3%，公鸡抽取5%，抽样数目不得小于50只鸡。

2. 影响鸡群均匀度的因素

雏鸡质量：不是来自同一种鸡群，雏鸡大小不一，严重脱水，弱雏过多等。

鸡舍环境：温度忽高忽低，通风不良，垫料潮湿、板结等。

饲养密度：密度过大。

光照：光照不均，光照太强或太弱。

饲料质量：饲料营养不均衡，发生霉变、酸败、结块等。

饲料分配：采食空间不足，布料速度太慢，饲喂器高度不适宜，饲料厚度不均，限饲程序不合理。

饮水：水质量不好，饮水空间不足，饮水器高度不适宜，限水程序不合理。

疾病：各种病毒病和细菌病，特别是球虫和其他导致肠道系统损害的疾病。

断喙：断喙不好，特别是去喙太多或断喙器刀片温度太高，日后出现软嘴或“肿瘤”嘴。

应激：免疫、称重、采血、挑鸡、转群等操作不当，导致反应强烈。

3. 提高均匀度的措施　首先应加强日常的综合管理，例如：选购高质量的雏鸡，选择适宜的饲养密度，提供充足的采食和饮水空间，制定合理的饲喂和饮水程序，保持良好的鸡舍环境，精确地断喙，均匀的光照，正确的日常操作等都是提高均匀度的基本保障。其次，分栏饲养、定期挑鸡，也是提高均匀度的有效办法。第一周分栏时，每栏以不超过500只为宜，第二周可以将相邻的两栏至三栏合并为一个更大的栏，但是每栏鸡数不得超过1 500只，第四周的分栏最为重要，此次分栏主要是按照体重差异来分，要求对所有的鸡只进行称重，并将体重相近的鸡只合并在同一个栏内。

无论如何分栏，分栏后各栏的密度应保持一致。分栏后，应对每一栏重新称重，计算各栏的平均体重和均匀度，以便确定各栏的体重标准和喂料量。由于采食面积、喂料速度以及饲料分配对均匀度至关重要，因此必须对这些项目进行经常性的检查。

（五）饮水管理

育成期饮水管理的重点在于，既要保证鸡群有充足的饮水，又要避免鸡群不必要的戏水，造成垫料潮湿。因此，采用一个科学合理的限水程序非常必要（表8-2-7）。

表 8-2-7 育成期限水程序

时间	喂料日	限水日
上午	喂料前先供给 0.5～1 h 饮水(喂料期间继续供水)。鸡吃完料后继续供给 1～2 h 饮水	清晨供水 30～60 min
下午	2～3 次饮水,每次 20～30 min	2～3 次饮水,每次 20～30 min
晚上	天黑或熄灯前供水 20～30 min	天黑或熄灯前供水 20～30 min

采用任何限水程序都必须谨慎操作。乳头饮水器不建议采用限水程序,炎热夏季谨慎限水。

(六)光照管理

1.目的　利用种鸡对光照时间和光照强度的反应,刺激种鸡的性成熟和繁殖潜力,以取得最佳效果。

2.原理　在育成期和产蛋期通过对光照时间和光照强度的控制来控制卵巢和睾丸的发育。种鸡对光照时间和光照强度增加的反应好坏,主要取决于育成期是否达到了体重标准、鸡群均匀度的好坏和营养摄入是否适宜。

白炽灯能提供较好的光谱光源,可以减少成本,但能源效率不高。荧光灯每瓦的发光率比白炽灯高 3～5 倍,其白色灯光有助于鸡只生长以及生产性能的发挥,但其强度会慢慢减弱。高压钠灯效率极高,高屋顶的鸡舍内效率更好(最小屋顶高度为 3 m),是白炽灯的 10 倍。

3.光照原则　育成期 8 h,强度 5～10 lx。在开放式鸡舍,12 周龄后,光照时间不能减少(一般为 11 h)。加光前后,光照时间和光照强度改变越大,则种鸡性成熟越好。在产蛋期决不能减少光照时间和光照强度。

密闭式鸡舍:能控制种鸡准时开产,能获得较高的产蛋高峰,高峰期持续时间长,且能获得较理想的蛋重,能减少啄肛、啄羽等现象,种鸡活动减少,能降低饲料消耗。其光照程序见表 8-2-8。

密闭式鸡舍的管理要求:密闭式鸡舍育成种鸡不要在 21 周龄前实施光照刺激,特别是鸡只还没达到体重标准或未达到一定的丰满度时。21～24 周龄开始接受光照刺激的种鸡会迅速开产,并且较 21 周龄前接受光照刺激的种鸡多产合格种蛋。密闭式鸡舍使用效果的好坏主要取决于鸡舍的密闭性。要注意避免从进风口、排风口等部位漏光,要确保鸡舍在黑暗期的光照强度不超过 0.4 lx,而给光时间的光照强度应比黑暗期的光照强度高 10 倍以上。机械通风和水帘降温必须行之有效。为保证种鸡对光照刺激具有有效反应,密闭式鸡舍至少要有 10 周不超过

8 h 低强度(5～10 lx)光照。

表 8-2-8 密闭式鸡舍光照程序

日龄	光照时间	光照强度/lx
0～3	23 或 24 h	20～30
4～21	每天减 1～2 h，减到 8 h 为止	20～30
22～147	8 h	5～10
148～154	12 或 13 h	30～50
155～161	14 h	30～50
162～168	15 h	30～50
169～175	16 h	30～50
≥176	最多不超过 16.5 h	30～50

五、产蛋期的饲养管理

目的：提供适宜的环境条件和营养均衡的饲料，控制好种公鸡和种母鸡的体重，使之顺利达到理想的产蛋高峰和稳定的受精率。

(一)饲养用具的配置

饲养用具的配置见表 8-2-9。

(二)饲喂方法

育成期，每只鸡每周所增加的料量绝不可以超过 7 g。在每日饲喂的情况下，从光照刺激到 5%产蛋率时，每只鸡每周增料大约 5 g。料量增加太快会刺激鸡只卵巢发育过度，导致双黄蛋比率高、易脱肛、易发生卵黄性腹膜炎(卵黄掉到腹腔)、死亡率增加等问题。经过分刺激的卵巢产蛋连续周期会比正常的周期短，这也是某些鸡群产蛋率降低的原因之一。

(三)饲料调整

正常情况下，25 周龄(或产蛋率 5%以上)应由产前料(育成料)更换为产蛋料。产蛋期饲料中的能量至关重要，缺乏能量的鸡只或许会达到产蛋高峰，但 2～3 周后产蛋率将会出现较为反常的下降。母鸡料量的增加必须先于产蛋率的增长。这种需求的主要原因在于许多母鸡的个体产蛋率高于鸡群平均的产蛋率。产蛋期，种母鸡采食饲料的目的主要有三个方面，即体能维持、生长和产蛋。

母鸡每日摄入的大部分能量主要用于维持机体的需要，因此，体重越大的母鸡需要的饲料也就越多。在实际生产中，鸡群每超过标准体重 100 g，每只鸡每天料量中应增加 8～9 kcal(1 kcal＝4.186 8 kJ)的能量。另外，在实际生产中，应对育成期种母鸡的整体体况进行评估，预测本批鸡群的高峰产蛋率水平，并据此预定本批鸡群的产蛋高峰耗料量。

表 8-2-9 肉用种鸡饲养用具配置表

项目	配置
饲养密度	
垫料平养	4.0 只/m^2
网上平养	5.2 只/m^2
采食用具	
链式料槽	15 cm/只
圆形料桶(直径为 42 cm)	8 个/100 只
圆形料盘(直径为 33 cm)	10 只/盘
饮水用具	
水槽	2.5 cm/只
乳头饮水器	8～10 只/个
钟形饮水器	80 只/个

(四)种鸡体重控制

母鸡从开产至产蛋高峰，应获得持续的增重，且产蛋高峰以后的整个产蛋期都应保持一定的增重(15～20 g/周)。为有效监控母鸡体重，在 40 周龄前应每周称重，40 周龄后应每 2 周称重一次。尽可能在下午称重，且每次称重都应在同一地方，称重比例为 0.5%～1%。

(五)产蛋高峰的加料方法

一般情况下，产蛋鸡的高峰料应在日产蛋达到 70%～75%时给予。许多鸡群每天产蛋率以 5%增长时，应每天增加料量。目标是在鸡群达到一定的产蛋率时给予高峰料。例如：5%产蛋率时的料量为 131 g，从 5%产蛋率至产蛋高峰需增加的料量＝165 g－131 g＝34 g。如果要在日产蛋率达到 60%时给予高峰料，则需要：(60%－5%)/5%＝11 次把高峰料加上去。如果产蛋未达到正常水平，除非母鸡身体状况表明缺料，否则不应加料。如果体重正常增长，额外的饲料不但不利于产蛋，反而会影响产蛋。

(六)吃料时间

许多因素都影响吃料时间，主要包括：鸡群年龄、温度、供水能力、饲料量、饲料结构、隔鸡栅尺寸、上料速度、鸡群健康水平及饲料受污染程度(霉菌毒素)等。

(七)环境温度对能量摄入的影响

以 20～21℃为基准,在 5～35℃的温度范围内每上升或下降 1℃,能量应减少或增加 1.5%。以下数据说明在产蛋期间必须注意能量的摄入,以及环境温度的变化。

气温在 21℃以上,每升高 1℃,每只鸡每天能量需求会降低 5 kcal。温度低于 20℃,每下降 1℃,每只鸡每天能量需求会增加 5 kcal。

(八)季节性饲养管理

1.夏季饲喂　高温会减少所有鸡只维持代谢能的需求,高温也会减少公鸡和母鸡的食欲。为保持炎热季节的产蛋和蛋重,即便每日能量摄取量减少,也要保证母鸡每日需要的氨基酸,并提供凉爽的饮水。如舍外温度不低于 18℃,整个夜间也要启动所有的风机,使鸡只尽可能散发出体内的热量。温度特别高的情况下,不要再试图在湿帘上用水提高湿度来冷却鸡只,趋于饱和的湿度只会使鸡只更为难受,不如将风机开足马力加强通风。

2.冬季饲喂　所有鸡只在低温的情况下都会增加维持代谢能的需要,因此必须饲喂更多的能量以满足代谢能和产蛋的需求。

(九)高产鸡群的管理

既要继续保持较高的产蛋水平,又要获得标准的蛋重。密切观察鸡群吃料时间。鸡群一旦达到产蛋高峰,不要急于立即减料。继续对母鸡和公鸡进行称重,了解其饲料需求。经常对种蛋进行称重,确保母鸡在保持高产蛋率时不减少蛋重。在实际生产中,可通过每天蛋重的变化趋势来衡量鸡采食的总营养成分是否恰当,并根据实际蛋重和预期蛋重的偏差来调整喂料量。

(十)高峰后的减料

高峰后多余的料量且维持太长时间会使母鸡过于肥胖,鸡群年龄大时,产蛋性能不但低且会出现受精率问题。若连续 2 周产蛋率不再增加,且每周呈 1%正常下降,应开始减料,以防母鸡过肥。第一次减料可以减 2～3 g,以后每周减 0.5～1 g。对于那些脂肪蓄积过多的鸡群,减料时速度可稍加快些。每减料 3～4 天后密切观察产蛋率变化,若产蛋率下降正常,则下周以同样的方式减料,若产蛋率下降超过正常水平,且又无其他原因时,应立即恢复该鸡群减料前的料量。另外,可以观察鸡群体重,若减料后体重下降过多,必须停止减料;若鸡群体重仍大幅度增加,则说明减料不够,下周必须再多减一些。高峰后整个生产周期的饲料减少总量为高峰料量的 10%～12%,即 18～20 g。

减料时的注意事项：

(1)吃料时间；

(2)产蛋高峰给予适当的能量水平；

(3)季节：减料的速度夏季比冬季快得多；

(4)体重与增重速度；

(5)每日蛋重和蛋重变化趋势；

(6)鸡舍内昼夜温差变化；

(7)饲喂时应完全杜绝公鸡偷吃母鸡料，这样才能较好地控制各自的料量。

(十一)饮水程序

产蛋期，成功的限水程序将有助于：防止垫料潮湿；减少腿病问题；控制肠道疾病；减少脏蛋数量。

正常气温(21～27℃)下限水方法：饲喂日，饲喂前 30 min 直至吃完料 1～2 h 持续供水；下午，供水 30 min 1 次；天黑前，供水 30 min 1 次；若出现垫料潮湿问题，调整饮水次数和供水时间；在炎热的夏季应多供水，温度在 30℃以上时每小时至少供水 30 min 或不限水。随着饲料的改变，调整饮水程序，特别是在鸡群开产时尤为重要。

(十二)产蛋箱管理

产蛋箱一般为 1～2 层，每 4 只鸡使用一个产蛋箱；大小为 30 cm×35 cm×30 cm。设计产蛋箱应考虑通风良好且无贼风。在分段式饲养的鸡舍，产蛋箱应在鸡群从育成舍转入产蛋舍之前安装；在全进全出的鸡舍，一般在 22 周龄安装。产蛋箱内要放置充足卫生的垫料。训练母鸡使用产蛋箱：至少在见蛋前 1 周，打开产蛋箱的上一层。见到第一枚蛋时，打开下一层的产蛋箱。

见到第一枚种蛋后，将 5～7 天内所产的蛋都放入产蛋箱内，吸引母鸡进入产蛋箱产蛋。整个生产周期每小时都要收集窝外蛋。最后一次捡蛋后赶出所有母鸡并关闭产蛋箱，防止鸡只趴窝，弄脏垫料。第二天开灯前打开产蛋箱。种蛋要随时随地收集并分出合格蛋、脏蛋、破蛋、畸形蛋等。

(十三)种蛋的消毒

按每立方米 30 mL 福尔马林和 15 g 高锰酸钾混合，室温 24℃以上，相对湿度 75%左右，密闭熏蒸 30～40 min。

(十四) 种蛋的储存

种鸡场的储蛋间必须配备空调器和加湿器。储蛋间的温度 15～18℃，相对湿度 70%～80%。若储存时间稍长，温度应略低一些(如 16℃)。50 周龄以下的鸡群，储蛋时间 3～5 天孵化率佳；50 周龄以上的鸡群，储蛋时间 2～4 天孵化率佳。种蛋保存时大头朝上，不要将尚有余温的种蛋装箱，应在种蛋冷却 12～24 h 后进行包装。

种蛋出汗：如果种蛋被冷却到 18℃，而后转移到温度较高的房间，种蛋就可能“出汗”（“出汗”是指种蛋表面的水汽凝结现象）（表 8-2-10）。

表 8-2-10　种蛋表面水汽凝结表

孵化室温度/℃	相对湿度/%	孵化室温度/℃	相对湿度/%
21.1	83	32.2	43
23.9	71	35.0	38
26.7	60	37.8	32
29.4	51		

注：种蛋由 18℃储存库转移至孵化室，若相对湿度超过上述数值，种蛋就会“出汗”。

六、种鸡的管理

种鸡在鸡群中占 9%～10%。

（一）肉用种鸡的选择

1. 1 日龄时的选择　母雏绝大多数留下，只淘汰体形过小、瘦弱或畸形的个体。公雏选留那些活泼健壮的个体，现代鸡种选留公雏的数量通常为母雏的 17%～20%。

2. 6～7 周龄时的选择　此时选择的重点在公鸡，将体重符合标准、胸部饱满、肌肉发育良好和腿粗壮结实的公鸡留下来，其数量为母鸡选留数的 12%～13%。

3. 开产前的选择　这次选择只淘汰那些明显不合格，如发育差、畸形和因断喙不当喙过短的鸡。公鸡按母鸡选留数的 11%～12%留下。若采用人工授精技术，每 100 只母鸡选留 4～5 只公鸡。

（二）体重控制

由于种公鸡比种母鸡有更快的生长速度和更高的饲料转化率，因此种公鸡体重控制比种母鸡难。所以从 1 日龄到 140～150 日龄，公母必须分栏饲养，一直到混群为止，且使用不同的饲喂设备。

（三）饲养密度

根据肉用种鸡的日龄合理调整饲养密度（表 8-2-11）。

表 8-2-11 肉用种公鸡饲养密度 只/m^2

日龄	密度	日龄	密度
0～14	10～15	43～140	3.5～4
15～42	7	141～448	3.5～5.5

（四）均匀度控制

通过早期分栏控制公鸡的均匀度。通常在2～4周龄进行第一次全群称重，按大、中、小分栏饲养，每栏最好不超过500只，对分栏后的体重控制，要求9周龄前逐渐达到体重标准。若9周龄前，均匀度仍有较大差异，可于8～9周龄时进行第二次全群称重，仍按大、中、小分栏饲养。

（五）混群

一般在22～23周龄，比例9%～10%。如果种公鸡群内性成熟存在差异，可以让已经性成熟的种公鸡先与种母鸡混群，而让未成熟的种公鸡继续发育一段时间后再混群。例如，在22周龄先混5%成熟的公鸡，在23周龄再混2%，在24周龄时再混余下的2%～3%。另一种方法是，在22周龄时，一次性混9%～10%，在30周龄时，把那些发育不好、肛门颜色较浅、交配不活跃、较重或较轻的公鸡挑出1%～2%，并及时淘汰。

（六）公鸡的过度交配现象

种公鸡过多会造成过度交配现象，主要表现为：种母鸡颈部、背部羽毛异常脱落，种公鸡打斗现象严重。因此从27周龄开始，应每周检查两次鸡群是否出现了过度交配现象，如果有，多余的种公鸡应淘汰。刚开始时，可按100只种母鸡0.5只种公鸡的比例淘汰，以后继续淘汰。种公鸡的淘汰是一个连续的过程，每周必须淘汰的种公鸡数量应事先计算好，以达到合适的公母比例。

（七）产蛋期公鸡体况的观察

先淘汰肛门颜色最浅的，然后再淘汰肛门颜色中等的。肛门颜色鲜艳说明该种公鸡处于良好的交配繁殖状态。公母交配时，如果发现种公鸡对种母鸡造成伤害，应及时淘汰体重过高的种公鸡。

（八）营养标准建议

公鸡的营养是通过饲料的营养成分和喂料量进行控制的，在环境相同的情况下，每天的能量、氨基酸和其他营养成分的摄入量决定了种鸡的生产性能。在育雏育成期，公鸡可以吃与母鸡相同的饲料，其体重的控制是通过喂料量来实现的。在产蛋期，实践表明，公母鸡吃同样的饲料，不会降低公鸡的生产性能，也可单独配制公鸡专用的饲料，其营养标准见表 8-2-12。

表 8-2-12 成年种公鸡营养标准

营养成分	饲料中含量
粗蛋白/%	14～15
代谢能/(kcal/kg)	2 630～2 800
赖氨酸(总)/%	0.45～0.55
蛋氨酸＋胱氨酸(总)/%	0.38～0.46
钙/%	0.8～1.2
有效磷/%	0.3～0.4
亚油酸/%	0.8～1.2

【技能训练】

运用所学知识，进行肉用种鸡的饲养管理。

任务三 鸡的人工授精

【知识目标】

掌握鸡的人工授精技术。

【能力目标】

能熟练进行鸡的人工授精。

【材料和用具】

种鸡、视频资料等。

【内容和方法】

一、鸡的生殖系统

鸡的生殖系统不同于胎生哺乳动物。公鸡的睾丸、附睾在腹腔内，交配器官是退化了的生殖突起，精子头部是长锥形。精子能在母鸡输卵管中生存达 24 天，并具有受精能力。母鸡能每隔 25 h 左右排卵一次，只有左侧卵巢和输卵管发育，受精卵排出母鸡体外后未达到孵化临界程度(24℃)会暂停发育。

(一)公鸡的生殖系统

公鸡的生殖系统由睾丸、附睾、输精管和交媾器组成。人工授精人员最需要了解的是公鸡交媾器的构造。公鸡没有像哺乳动物一样的阴茎，但有一个交媾器。

(二)母鸡的生殖系统

母鸡生殖系统由卵巢和输卵管两大部分组成，通常只有左侧的卵巢和输卵管发育完全并且有生殖功能。输卵管由伞部、膨大部、峡部、子宫部以及阴道部等构成。母鸡的外生殖器阴道口和排粪口、排尿口共同开口于肛门，称为泄殖腔。

二、鸡受精的过程

无论自然交配或人工授精，精子会很快沿输卵管上行并达到喇叭部的精窝内。如果交配(或人工输精)后输卵管内没有蛋，精子到达喇叭部只需 30 min 左右。当卵子进入到喇叭部时，一般经过 15 min 左右即会有 3～4 个精子进入卵黄表面的胚珠区，但只有一个精子能与卵细胞结合而受精。其实公鸡一次交配能射出的精子数量一般在 15 亿～80 亿之间，大量的精子牺牲在征途中。据大量实验测定，精子数量不低于 1 亿，同样能达到良好的受精率，人工授精正是基于此而提高了种公鸡的利用率。当喇叭部有新老精子共存时，新精子的活力大于老精子，受精的机会也多于老精子，最高的受精率通常出现在开配后的第三天。故种蛋收集工作通常从开配后的第三天开始。

三、鸡的人工授精

随着笼式养鸡的普及和发展，鸡的人工授精得以广泛推广。鸡的人工授精技术难度不大，容易掌握，设备简单，投资少。鸡的人工授精可以减少种公鸡的饲养量，自然交配时，一般鸡的公母比例为 1∶(10～15)，而采用人工授精时，如按每周授精一次，则 1 只公鸡可配 100 只甚至更多的母鸡。生产实践中为保证种蛋的高受精率，一般多采用 3～5 天输精一次。按此计算，人工授精时鸡的公母比例多为 1∶50 左右。比采用自然交配法，可减少 80％的公鸡饲养量，降低了种蛋成本。采用人工授精时，公母鸡是分笼饲养的。分笼饲养，可为育种工作提供方便，也为对公鸡单独补充营养提供了条件，有利于提高种鸡精液品质。通常情况下采用人工授精时公鸡都采用单笼饲养，从而减少鸡间的啄斗，降低死淘率。

任何方法都不是有百利而无一害的，在采用人工授精时，反复多次对公、母鸡的生殖器官外力挤压，输精器具的使用，难免对公、母鸡的生殖器官，特别母鸡的生殖器官造成损伤。因而在同一群体的公母鸡的生产后期，采用人工授精时，常会发生生殖器官炎症等，这在生产实际中应引起高度重视，并采取相应的措施，如采精、输精过程中避免动作粗鲁，所用器具严格消毒等，同时必要时可对种鸡进行对症治疗。人工授精因经常从笼中抓鸡，其应激反应也会对生产性能产生一定影响。

（一）准备

1. 器具的准备　常用的鸡人工授精器具包括：保温杯、小试管、胶塞、采精杯、刻度试管、水温计、试管架、玻璃吸管、注射器、药棉、纱布、毛巾、乳胶手套、生理盐水等，有条件的还可以购置一台显微镜，用来检查精液质量。

2. 种公鸡采精适应性训练　一般在正式采精前 1 周对公鸡肛门周围的体毛进行修剪，并进行适应性按摩。

（二）采精与精液品质评定

1. 采精　多采用按摩法采精，具体操作因场地设备而异。生产实际中多采用双人立式背腹部按摩采精法，现以笼养种鸡的采精输精为例简述其具体操作。

(1)保定　一人从种公鸡笼中用一只手抓住公鸡的双脚，另一只手轻压在公鸡的颈背部。

(2)固定采精杯　采精者用右手食指与中指或无名指夹住采精杯，采精杯口朝向手背。

(3)按摩　夹持好采精杯后，采精者用其左手从公鸡的背鞍部向尾羽方向抚摩数次，刺激公鸡尾羽翘起。与此同时，持采精杯的右手大拇指和其余四指分开从公鸡的腹部向肛门方向紧贴鸡体作同步按摩。当公鸡尾部向上翘起，肛门也向外翻时，左手迅速转向尾下方，用拇指和食指跨捏在耻骨间肛门两侧挤压，此时右手也同步向公鸡腹部柔软部位快捷地按压，使公鸡的肛门更明显地向外翻出。

(4)采精　当公鸡的肛门明显外翻，并有射精动作和乳白色精液排出时，右手离开鸡体，将夹持的采精杯口朝上贴住向外翻的肛门，接收外流的精液。公鸡排精时，左手一定要捏紧肛门两侧，不得放松，否则精液排出不完全，影响采精量。

人工采精实际上是人为地刺激公鸡的性兴奋，以达到采精的目的，因而在手法上一定要力度适中，按摩频度由慢到快。要给公鸡带来近乎自然的快感。在采精时间上要相对固定，以给公鸡建立良好的条件反射，采精的次数因鸡龄不同而异，一般青年公鸡开始采精的第一月，可隔日采精一次，随鸡龄增大，也可 1 周内连续采精 5 天，休息 2 天。

2. 精液品质评定

(1)精液的颜色　健康公鸡的精液为乳白色，浓稠如牛奶。若颜色不一致或混有血、粪、尿等，或呈透明，都不是正常的精液，不能用于输精。

(2)射精量 射精量的多少与鸡的品种、年龄、生理状况、光照以及饲养管理条件有关，同时也与公鸡的使用制度和采精者的熟练程度有关。平均射精量为0.3～0.45 mL。

(3)精液的浓度 一般把鸡精液浓度分为浓、中、稀三种，在显微镜下观察视野中精子的数量，一次射精的平均浓度为 30.4 亿/mL，可用血细胞计数板一个视野中的精子数量推算，范围在 1 亿～100 亿/mL 变化。

(4)精子活力 精子活力对蛋的受精率影响很大，只有活力大的精子才能进入母鸡输卵管，到达漏斗部使卵子受精。精子的活力也是在显微镜下观察，用精液中直线摆动前进的精子的百分比来衡量。

(5)精液的 pH 采精过程中，有异物落入其中是精液 pH 变化的主要原因。正常的精液 pH 通常为中性到弱碱性，6.2～7.4。精液 pH 的变化影响精子的活力，从而也影响种蛋的受精率。

(三)输精

1. 输精时间 从理论上讲，一次输精后母鸡能在 12～16 天内产受精蛋，但生产实际中为保证种蛋的高受精率，一般每间隔 5 天输精 1 次，肉鸡因其排卵间隔时间较蛋鸡长，生殖器官周围组织脂肪较多而肥厚，输精的间隔时间应短一些，一般 3 天。每次输精应在大部分鸡产完蛋后进行，一般在 15:00～16:00 以后。为平衡使用人力，一个鸡群常采用分期分批输精，即按一定的周期每天给一部分母鸡输精。

2. 输精量 输精量多少主要取决于精液中精子的浓度和活力，一般要求输入 8 000 万～1 亿个精子，约相当于 0.025 mL 精液中的精子数量。

3. 输精部位与深度 在生产实际中多采用母鸡阴道子宫部的浅部输精，翻开母鸡肛门看到阴道口与排粪口时为度，然后将输精管插入阴道口 1.5～2 cm 就可输精了。

4. 输精的具体操作及注意事项 生产实际中常采用两人配合。一人左手从笼中抓住母鸡双腿，拖至笼门口，右手拇指与其余手指跨在泄殖腔柔软部分上，用巧力压向腹部，同时握两腿的左手，一面向后微拉，一面用拇指和食指在胸骨处向上稍加压力，泄殖腔立即翻出阴道口，另一人将吸有精液的输精管插入，随即用握着输精管手的拇指与食指轻压输精管上的胶塞，将精液压入。注意母鸡的阴道口在泄殖腔左上方。目前绝大多数生产场采用新鲜采集不经稀释的精液输精。具体操作时宜将多只公鸡的精液混合后并在不超过 30 min 内使用，以提高种蛋的受精率。人工采精输精的器具，应严格消毒，防止疾病的交叉感染。

四、精液的保存与稀释

鸡精液是用专门配制的稀释液稀释。鸡精液的冷冻保存仍处于试验阶段。对实际生产来讲，用新鲜的精液输精更为方便实用，故在此对鸡精液的保存与稀释方法不作介绍。值得注意的是，即使采用新鲜精液输精，鸡精液采出公鸡体外后，若环境温度太低也会影响其受精率。所以，当环境温度低于 20℃时，最好采用保温集精杯集精。保温杯中灌注 32℃的温水，实际操作时若无专用的保温集精杯，也可用其他方法对集精杯保温，比如用玻璃试管集精，然后置于盛有温水的器皿中即可。

【技能训练】

到实训鸡场进行鸡的人工授精操作。

项目九　鸭的饲养管理

任务一　蛋鸭的饲养管理

【知识目标】

掌握蛋鸭的饲喂及管理技术。

【能力目标】

能对蛋鸭进行正确的饲养管理。

【材料和用具】

蛋用鸭及多媒体教学系统。

【内容和方法】

一、育雏期的饲养管理

雏鸭是指0～4周龄的小鸭。

(一)育雏方式

1.地面育雏　这种育雏方式设备简单，投资少，积肥好，是农户和小规模饲养常采用的饲养方式。

2.网上育雏　这种育雏方式环境卫生条件好，雏鸭不与粪便接触，感染疾病的机会少，成活率高，节省垫料，节约劳动力。

（二）雏鸭的饲养管理

1. 开水或“潮口” 刚出壳的雏鸭第一次饮水称开水，也叫“潮口”。将30℃左右的温开水放入盆中，深度3 cm左右，把雏鸭喙浸入水中，让其喝水，反复几次，持续时间掌握在3～5 min，即可学会饮水。

2. 开食及饲喂次数 开食一般在开水后30 min左右进行。10日龄以内白天4次，夜晚1～2次；10～20日龄白天3次，夜晚1～2次；20日龄后白天3次，夜晚1次。

3. 管理要点

（1）温度 育雏期的适宜温度见表9-1-1。

（2）湿度 舍内空气湿度第一周控制在60%～65%，利于雏鸭收黄。第二周以后控制在55%～60%。

（3）光照 1～3日龄每日23 h光照，1 h黑暗，4日龄开始逐渐减少夜间的补充光照，直至4周龄结束时与自然光照时间相同。

（4）通风 4日龄以内不必通风。随着日龄的增长，逐步加大通风，但要防止贼风的侵袭。

（5）饲养密度 根据品种、日龄及饲养方式而定，可参考表9-1-2。

表9-1-1 鸭育雏期的适宜温度

日龄	温度/℃
1～3	30～28
4～7	28～26
8～11	26～24
12～16	24～22
17～21	22～18
22～25	18～15

表9-1-2 鸭育雏期的饲养密度

日龄	饲养密度/（只/m^2）
1～7	15～20
8～14	10～12
15～25	7～10

二、育成鸭的饲养管理

育成鸭通常是指5～16周龄或5～18周龄的青年鸭。育成期饲养管理的好坏，极大地影响鸭在性成熟后的体质、产蛋状况和种用价值。此时，鸭的生长速度加快，羽毛生长迅速，性器官发育快，对外界环境的适应性增强。要根据青年鸭这一阶段的生理特点，并按照高产鸭群的育成要求，加强饲养管理，为产蛋期的稳产、高产打下良好的基础。

(一)放牧饲养

育成鸭的放牧饲养是我国传统的饲养方式。鸭的合群性好,觅食能力强,能在陆上平地、山地和水中的浅水、深水中潜游觅食各种天然的动植物性饲料,因此,可利用农田、湖荡、河塘、沟渠放牧和海滩放牧饲养,以节约大量的饲料,降低成本,同时使鸭群得到很好的锻炼,增强鸭的体质。大规模生产时,采用放牧饲养的方式已越来越少。

主要放牧饲养方式分为一条龙放牧法、满天星放牧法、定时放牧法三种。

(二)半放牧饲养

鸭群饲养在鸭舍、陆上运动场和水上运动场,不外出放牧。吃食、饮水可在舍内,也可在舍外,一般不设饮水系统,饲养管理不如全舍饲那样严格。其优点与全舍饲一样,便于科学饲养。这种方式一般与鱼塘结合在一起,形成一个良性循环,是目前我国养鸭生产中采用的主要方式之一。

(三)圈养

育成鸭的整个饲养过程始终在鸭舍内进行,称为全舍饲圈养或关养。鸭舍内采用厚垫草(料)饲养,或是网状地面饲养,或是栅条地面饲养。由于吃料、饮水、运动和休息全在鸭舍内进行,因此,舍内必须设置饮水和排水系统。采用垫料饲养的,垫料要厚,必要时要翻晒,以保持垫料干燥。若采用网状地面或栅条地面饲养,其地面要比鸭舍地面高 60 cm 以上,鸭舍地面用水泥铺成,并有一定的坡度(每米落差 6～10 cm),以便于清除鸭粪。网状地面饲养最好用涂塑铁丝网,网眼为 24 mm×12 mm,栅状地面可用宽 20～25 mm、厚 5～8 mm 的木板条或 25 mm 宽的竹片,或者是用竹子制成相距 15 mm 空隙的栅状地面,这些结构都要制成组装式,以便于冲洗和消毒。圈养方式可以人为地控制饲养环境,有利于科学养鸭,达到稳产、高产的目的;集中饲养便于向集约化生产过渡,同时可以增加饲养量,提高劳动效率。此法饲养成本较高。

三、产蛋鸭的饲养管理

鸭的产蛋期一般指 27 周龄至产蛋结束。这一时期饲养管理的目的在于获得高产蛋量,高受精率、孵化率,要做到这一点,正式进入产蛋期后,各种饲养管理措施要稳定,特别是在产蛋高峰期更应注意。

(一)产蛋鸭的特点

1. 产蛋鸭胆大　与青年鸭时期相比,开产以后,胆子逐渐大起来,敢接近陌生人。

2.产蛋鸭食量大，食欲好　无论圈养或放牧饲养，产蛋鸭（尤其高产鸭）最勤于觅食，早晨醒得早，出舍后四外觅食，放牧时到处觅食，喂料时最先响应，踊跃抢食，下午收牧或入舍时，虽已吃得很饱了，但还想吃，总是走在最后，恋恋不舍地离开牧区。

3.产蛋鸭性情温顺，喜欢离群　开产以后的鸭子，性情变得温顺起来，进鸭舍后就独个儿伏下，安静地休息，不乱跑乱叫，放牧出去，喜欢单独活动。

4.产蛋鸭代谢旺盛，对饲料要求高　由于连续产蛋，消耗的营养物质特别多，如每天产一个蛋，蛋重按 65 g 计算，则需要粗蛋白质 8.75 g（按全蛋含粗蛋白质 13.5%计算）、粗脂肪 9.43 g（按粗脂肪含量占全蛋的 14.5%计算）。此外，还需要大量无机盐和各种维生素。饲料中营养物质不全面，或缺乏某几种元素，则产蛋量下降，产蛋时间推迟，蛋壳粗糙或鸭体重下降，羽毛松乱，食欲不振，反应迟钝，怕下水等。所以，产蛋鸭要求质量较高的饲料。

5.产蛋鸭要求环境安静，生活有规律　在正常情况下，鸭产蛋都在深夜 1～2 时，此时夜深人静，没有任何吵扰，最适合鸭类繁殖后代的特殊要求。如在此时突然停止光照（停电）或有人走近，则要引起骚乱，出现惊群，影响产蛋。除产蛋时间以外的其他时间，操作规程和饲养环境也要尽量保持稳定，不许外人随便进出鸭舍，避免各种动物在舍内窜进窜出。在管理制度上，何时放鸭，何时喂料，何时休息，都按一定次序严格执行，如改变喂料次数，大幅度调整饲料品种，都会引起鸭生理机能紊乱，造成减产或停产。

（二）影响鸭产蛋的主要因素

1.品种　品种是取得高产的先决条件，产蛋率的高低，产蛋周期的长短，产蛋持续性的强弱以及蛋的大小，都与品种有密切的关系。如能选择一个优良的品种饲养，产蛋量可以几成甚至成倍提高，经济效益也随之提高。如何根据自己的饲养条件和管理技术，选择适于本地饲养的高产品种是养殖成败的关键因素。

2.营养因素　进入产蛋期以后，蛋鸭对营养物质的需求量比以前任何阶段都高，除用于维持生命活动必需的营养物质外，还需要大量产蛋所必需的各种营养物质，如能量、蛋白质、钙等营养物质必须充分供应，否则将影响产蛋率。

要达到持续高产的水平，品种是先天因素，日粮中营养物质是否全面和平衡，数量能否满足需要，是保持高产稳产的必需条件。

3.环境因素　环境因素较复杂，对产蛋影响最大的因素是光照和温度。

(1)光照　光照的主要作用是促进滤泡的成熟排卵。所以在培育期内，控制光照时间，目的是防止青年鸭过于早熟；即将进入产蛋期时，要逐步增加光照时间，提高光照强度，目的是促进卵巢的发育，达到适时开产；进入产蛋高峰期后，要稳定光照制度(光照时间和光照强度),目的是保持连续高产。产蛋期的光照强度以5～8 lx为宜,如灯泡离地2 m,一般每平方米鸭舍按1.3～1.5 W计算,大约18 m^2的鸭舍装一盏25 W的灯泡。实际使用时通常不用60 W以上的灯泡,因为大灯泡光线分布不均、费电。日光灯受温度影响较大,一般也不使用。灯泡必须加罩,使光线照到鸭的身上,而不是照着天花板。鸭舍灰尘多,灯泡要经常擦拭,保持清洁,以免蒙上灰尘,影响亮度。

光照效果,一般需要7～10天才能显示出来,故在产蛋期内,不能因为达不到立竿见影的效果,而突然增加光照时数或提高光照强度。一般每次增加量不超过1 h,增加后要稳定5～7天。

进入产蛋期的光照原则是:只宜逐渐延长,直至达到每昼夜光照16～17 h,不可忽照忽停,忽早忽晚,光照强度不可时强时弱,只许渐强,否则将使产蛋鸭的生理机能受到干扰,影响产蛋率。

合理的光照制度,能使青年鸭适时开产,使产蛋鸭提高产蛋量;不合理的光照制度,会使青年鸭的性成熟提前或推迟,使产蛋鸭减产停产,甚至造成换羽。

(2)温度 产蛋鸭最适宜的温度是13～20℃,此时产蛋率和饲料利用率都处在最佳状态。因此,要尽可能创造条件,特别要做好冬季的防风保温工作,提供理想的产蛋环境温度,以获得最高的产蛋率。

4.健康因素 没有健康的机体不可能高产。因此,在培育青年鸭的阶段,就把主要传染病的预防工作做好,进入产蛋期后,搞好环境卫生和饲养管理,增强抗病能力,尽量减少疾病的发生,才能保持高产稳产。

(三)产蛋期不同阶段的饲养管理

1.产蛋前期

(1)精心饲养 主要抓好饱、足、洁、静四项工作。

(2)学会"十看" "十看"即看蛋形、看产蛋时间、看体重、看蛋重、看产蛋率、看羽毛、看食欲、看精神、看嬉水、看粪便,以便随时发现问题,解决问题。

2.产蛋中期 产蛋率达90%时,即进入产蛋中期。饲料的蛋白质水平达到20%。每日光照时数稳定在16 h,室温保持在13～20℃。

3.产蛋后期

(1)鸭群的产蛋率在80%以上,可在饲料中适当增加动物性饲料。

(2)体重正常,产蛋率也较高,饲料中的蛋白质水平应比上阶段略有增加。

(3)若产蛋率已降至60%左右,很难上升,无须加料。

(4)每天保持16 h光照,多放少关,促进运动。

(5)若出现蛋壳质量下降、蛋重减轻,可增补鱼肝油和无机盐添加剂。

(四)休产期的饲养管理

1.蛋鸭的人工换羽方法

(1)停产(又称关蛋) 将产蛋率下降到30%的母鸭关入棚内,第一天开始给料80%,由日喂3次变日喂2次。第二天后继续减少喂量直至第七天给料30%。第八天开始完全停止喂料,只供给饮水,关养在棚舍内。将棚舍灯关闭,减少光照对内分泌的刺激。

(2)人工拔羽 拔羽当天不下水、不放牧,防止毛孔感染。供给充足饮水,按日粮30%供给饲料。

(3)恢复产蛋 喂料由少到多,质量由粗到精,经过7～8天过渡阶段再恢复到正常水平。

2.强制换羽的注意事项

(1)淘汰病鸭、弱鸭、低产鸭,已经开始换羽的鸭挑出单独饲养。

(2)将棚舍彻底打扫干净,清除垫料。

(3)恢复喂料时保证每只鸭都能吃到各自的份额,逐渐增加喂料量。

(4)强制换羽最好在产蛋率为60%左右进行,此时鸭体质较好,可降低换羽期死亡率,使下一产蛋期到来早。

四、蛋用种鸭的饲养管理

种鸭饲养管理的目标是获得尽可能多的合格种蛋,能孵化出品质优良的雏鸭。

(一)严格选择

种公鸭必须体质健壮,性器官发育健全,性欲旺盛,精子活力好。公母鸭在育成阶段要分开饲养,一般在配种前20天公母鸭才可混合饲养。

(二)保持适宜的公母比例

一般在早春和冬季公母比例可达1∶20以上,夏、秋季节及到母鸭产蛋时保持1∶(25～30)的公母比例为宜,全年受精率达90%以上。

(三)日常管理

1.增加营养 种鸭饲料中的蛋白质要比蛋鸭料高些。此外,要补充维生素。

2.加强防疫 种鸭群应谢绝外人参观。对一些可以通过蛋垂直传染的疾病,进行定期检疫。

3.加强管理 经常更换房舍内垫草,注意通风换气。早放鸭,迟关鸭,延长配种时间。及时收集种蛋,做好产蛋及疾病等记录。

【技能训练】

运用所学知识，进行蛋鸭及蛋用种鸭的饲养管理。

任务二 肉鸭的饲养管理

【知识目标】

掌握肉鸭的饲喂及管理技术。

【能力目标】

能对肉鸭进行正确的饲养管理。

【材料和用具】

肉用鸭及多媒体教学系统。

【内容和方法】

一、中雏期的饲养管理

（一）饲养方式

有地面平养、离地网面平养、地面网上混合平养、笼养。

（二）转群与换料

转群前鸭舍应认真消毒，转群前3～5天打开门窗，使雏鸭逐步适应外界气温，若遇外界气温较低或气温变化不定时，应推迟脱温日龄。从转群前一天起最好在饲料中添加多种维生素或电解质，以防转群时的应激影响，直到鸭群转群后采食正常为止。

在脱温转群时，应按强弱、大小分群饲养，每群的数量控制在200～250只为宜。对体质较差、体重偏轻的鸭，应单独补充营养，使其后期迅速生长，保证出栏时的体重要求。

每天喂料4次，其中晚间1次。从4周龄起换用肉鸭育肥期的饲粮，但注意要有一个过渡阶段。颗粒料的直径提高到3～4 mm，任其自由采食。

（三）中雏鸭的饲养管理

中雏鸭的饲养管理对成活率有着关键作用，必须做好以下几点：

1.温度控制 1～3日龄需要29～32℃,4～6日龄需要26～29℃,7～10日龄需要24～26℃,11～15日龄控制在22～24℃,16日龄以后保持在20℃左右。温度与采食量直接相关,室温过高,采食量减少,长势变缓。

2.湿度控制 湿度对雏鸭生长发育影响较大。雏鸭体内含水量大,育雏期舍内如温度较高,湿度较低,会引起脱水,湿度控制在60%～65%最适宜,必要时可少量洒水。

3.饲养密度的控制 适宜的密度可以保证高的成活率,饲养密度过大,会造成鸭群拥挤、堆压,舍内闷热。为避免此类现象发生,应减少圈内鸭数,减低饲养密度,保证良好通风,增设水盆食槽。

4.通风换气 饲养初期为了育雏室保温很少注意通风,而育雏室又是最容易潮湿、聚集氨气等有害气体的地方。通风还可以调节鸭舍的温度和湿度,所以通风变得尤为重要。

5.调整饲料配方 不同生育阶段的仔鸭饲料配方各不相同,夏季的饲料配方应在满足所有必需氨基酸的前提下,使蛋白质水平尽可能处于最低限,以减少饲料消化散热。

6.新鲜饲料 在高温、高湿季节,饲料放置过久或料槽中的饲料停滞过久会引起发酵变质,应保证供给新鲜饲料。

7.做好疫病防治 严禁从疫区引进鸭苗。

(1)搞好消毒 注重鸭舍及周边环境的消毒,以及料槽、饮水器的刷洗、消毒,选择2～3种不同的消毒剂交替使用,防止细菌产生抗药性。

(2)搞好卫生 防止苍蝇、蚊子滋生,使鸭群免受虫害骚扰。

(3)预防用药 重点预防雏鸭沙门氏菌、大肠杆菌、支原体病,1～7日龄用抗菌药物预防,但一定要使用敏感药物。

(4)疫病预防 做好鸭瘟、鸭病毒性肝炎、鸭传染性浆膜炎、禽流感疫苗的预防接种。

二、肉鸭育肥方法

育肥的目的是使肉鸭在短时期内迅速长肉,沉积脂肪,增加体重,改善肉的品质,提高经济效益。育肥的方法有放牧育肥法、圈养育肥法和人工填饲育肥法。

(一)放牧育肥

这种方式生产的肉鸭耗料少,成本低,肥度好。这种方法季节性较强,主要是结合夏收、秋收,在水稻或小麦收割后,将肉鸭赶至田中,觅食遗粒和各种草籽,昆虫以及其他饲料,使肉鸭获得较全面的营养而迅速生长,达到育肥的目的。在我国华北、华南、华中和西南等地区，野生动植物饲料资源丰富，可在农田周围、江河、沟渠边等地充分利用自然资源放牧鸭群育肥。这种育肥方法特别适于麻鸭类型的地方品种，其体形小，行走方便、灵活，觅食力强。放牧应慢赶慢放，吃饱吃好，少运动，以促进增重。放牧时间视季节和天气而定，一般上下午各 4 h，中午赶到岸上休息。每日早、中、晚各补料 1 次，喂量视放牧觅食情况而定。

（二）圈养（舍饲）育肥

1. 自配饲料　采用富含碳水化合物的饲料，任其自由采食，同时多喂青饲料。有条件的喂给全价配合饲料最好，玉米 62%、麸皮 10%、米糠 5%、豆饼 15%、蚕蛹 3%、小鱼 3%、骨粉 2%，另加禽用多维素 10 g。有条件的养殖户每次喂料后将鸭赶到水塘活动。

2. 加强管理　日常管理中，要限制鸭群活动和放水时间，以减少能量消耗，保持圈舍干燥、卫生和通风。冬季圈养育肥鸭管理的关键是防寒保暖，正确通风，降低湿度和有害气体含量。舍顶保温性能差时要加盖稻草或塑料薄膜，窗户用塑料薄膜封严，调节好通风换气口，在温度低时人工供温。

3. 适时出售　肉鸭伏卧在潮湿的地面上会增加体热的散发，因此要经常更换和添加垫料，确保干燥。圈养育肥可在短时间内使鸭体重迅速增加，一般肉用型鸭体重达 2～2.5 kg 即可出栏销售。

（三）人工填饲育肥

1. 填饲准备　体质差、体重过小的不填。填饲前应剪去鸭爪，以免填饲时抓伤操作人员及鸭之间互相抓伤。

2. 填饲日龄　健康良好、发育正常的 40～50 日龄中雏鸭，体重达到 1.6～1.7 kg 的鸭可开始填饲。过早填饲，体小身圆，长不大，且伤残多；过晚填饲，耗料多，增重缓慢。

3. 填饲饲料　填饲饲料的质量和数量对填饲效果影响很大，填鸭应以高能量易消化的淀粉饲料为主，也要保持一定的蛋白质水平。前期饲料以糠麸为主，搭配少量玉米粉、面粉、高粱粉等淀粉饲料，配合适当数量的豆类、豆饼等蛋白质饲料，使粗蛋白质水平保持在 15%以上。以后逐渐减少糠麸类饲料，增加淀粉类饲料。到最后一个星期，以淀粉类饲料为主，减少豆类饲料，不喂糠麸，以提高填鸭肥度，并使沉积脂肪均匀分布在皮下及肌肉纤维之间，确保其鲜嫩品质。填饲后期饲料配方：玉米或大米粉 55%，小麦粉 25%，稻谷粉 10%，豆饼粉 6.6%，骨粉 3%，食盐 0.4%。

4. 填饲方法　填饲前将鸭赶入待填圈，每圈 100 只左右，再分批赶入填饲机旁小圈，每次赶入10～20只。

(1)手工填饲　将鸭夹在填料人的两膝间，头朝上露出颈部，左手将鸭嘴掰开，右手抓食投入口内，并由上向下将填入的饲料往下捏挤，推向食道膨大部。如此反复多次填至距咽喉约5 cm为止。

(2)机器填饲　左手抓住鸭的头部，掌心靠着鸭的后脑，用食指和拇指打开鸭喙，中指伸进喙内压住鸭舌，让胶管(图9-2-1和图9-2-2)准确地伸入食道膨大部，同时用右手托住鸭的颈胸结合部，将鸭体放平，使鸭体和胶管在同一条轴线上。插好管子后，用左脚踏离合器(抓住把手压下压杆)，启动唧筒，将饲料压进食道，放松开关(把手)，将胶管从鸭喙退出。整个填饲过程的要领是：鸭体平、开嘴快、压舌准、插管适宜、进食慢、撤鸭快。

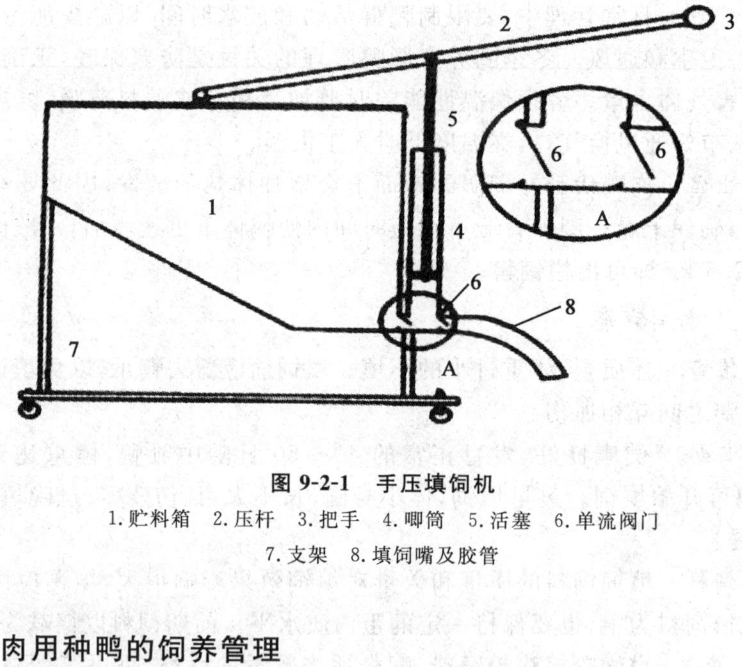

图9-2-1　手压填饲机

1.贮料箱　2.压杆　3.把手　4.唧筒　5.活塞　6.单流阀门
7.支架　8.填饲嘴及胶管

三、肉用种鸭的饲养管理

1.种鸭的选择　选择健康，采食和抗逆能力强的种群。

2.留种的时间　每年3～4月份留种，培养后备种用鸭。

3.光照制度　根据鸭场特点和母鸭产蛋情况，在8～9月份禁止强光照射。入冬后适当增加光照时间和强度，产蛋率平均提高12.4%。

4.增加室外活动时间　早上和傍晚种鸭交配较频繁，并在水上进行。因此，尽可能做到早放鸭，迟关鸭，延长下水活动时间，并要注意赶鸭群在一定范围的水面

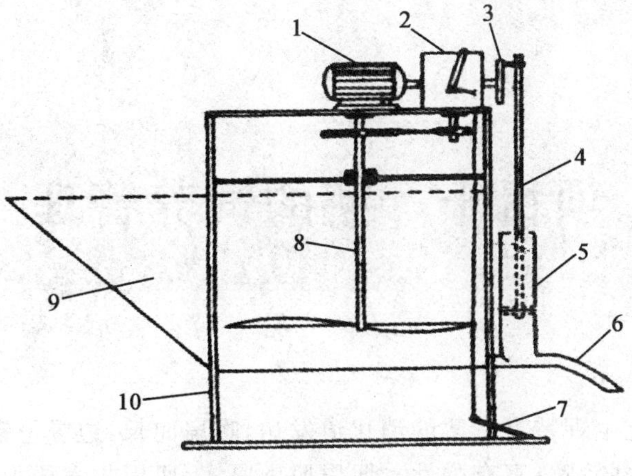

图 9-2-2 电动填饲机

1.电机 2.减速箱 3.偏心轮 4.活塞杆 5.唧筒 6.填饲嘴及胶管 7.离合器踏板 8.搅拌器 9.贮料箱 10.支架

上聚拢，以提高受精率。

5.搞好鸭舍卫生 舍内要适当通风，保持空气新鲜，垫草要干燥、清洁。夏天气温升高，要及时采取降温措施，但不能在舍内地面上洒水，以免造成湿度过大。冬季要做好防寒工作。

6.保持适宜的饲养密度 每平方米可养肉用种鸭 2～3 只，兼用型 4～5 只。

7.及时收集种蛋 不要让种蛋受潮、曝晒和被粪便沾污。对破蛋、软壳蛋也要及时挑出取走，以防母鸭吃了这些蛋后养成啄食种蛋的恶癖。不同种群、不同日期的种蛋，要分别贮存，一般 5 天入孵一批，不宜久贮，以免影响种蛋质量和孵化率。

【技能训练】

运用所学知识，进行肉鸭及肉用种鸭的饲养管理。

使用填饲机对育肥鸭进行人工填饲操作。

项目十　鹅的饲养管理

(1)鹅的消化生理特点　鹅的消化道发达，喙扁而长，边缘呈锯齿状，能截断青饲料。食管膨大部较宽，富有弹性。肌胃肌肉厚实，肌胃收缩压力强。鹅对青粗饲料的消化能力比其他禽类要强，纤维素利用率为45%～50%。

(2)鹅的生殖生理特点

季节性　鹅繁殖存在明显的季节性，主要产蛋期在冬春两季。

就巢性　许多鹅种具有很强的就巢性。在一个繁殖周期中，每产一窝蛋后，就要停产抱窝。

择偶性　公母鹅有固定配偶交配的习惯。有的鹅群中(如图卢兹鹅)有40%的母鹅和22%的公鹅是单配偶。

繁殖时间长　鹅是长寿家禽，存活年龄可达20年以上。

(3)鹅的生活习性

喜水性　鹅习惯在水中嬉戏、觅食和求偶交配。

食草性　鹅觅食能力强，以植物性饲料为主。

警觉性　鹅的听觉很灵敏，警觉性很强。

耐寒性　成年鹅耐寒性很强，在冬季仍能下水游泳。

合群性　家鹅具有很强的合群性，行走时队列整齐，觅食时在一定范围内扩散。

任务一　雏鹅的饲养管理

【知识目标】

掌握雏鹅的饲养管理要点。

【能力目标】

能对雏鹅进行正确的饲养管理。

能根据实际情况对雏鹅饲养环境进行调控。

【材料和用具】

雏鹅及多媒体教学系统。

【内容和方法】

一、鹅舍的建造

养殖场依水而建，尽量远离城镇、居民住宅区和主要公路，鹅舍应选择建在沙壤土、空气清新、水源丰富、水质好和未受污染、地势高燥、水淹不到的地区。鹅舍要求冬暖夏凉，前面有干净清洁活水养鱼池塘；场地地势宜略有坡度(3°～5°)，水泥地面，便于冲洗场地或清除粪便，以保证排水通畅，无积水；鹅舍应建在避风向阳，坐北朝南或东南向，采光良好的坡地，便于鹅憩息觅食。其中鹅舍占1/3，运动场2/3，鹅舍可按2.5 m高设计。鹅舍应以保温干燥，通风，无贼风，易消毒为原则。

二、选好雏鹅

雏鹅一般是指从孵化出壳到4周龄的鹅。雏鹅应按出壳的时间和体质强弱严格挑选，要求叫声响亮、挣扎迅速有力、毛色粗长光洁、卵黄吸收和脐孔收缩良好，将雏鹅仰翻能很快站起。对腹大、血脐、大肚脐、跛脚、眼瞎、歪头等弱雏，坚决淘汰，要选择生产性能高的壮年母鹅的后代雏鹅。

三、育雏前的准备

1. 资金筹备　包括购雏费、草籽费、精料费、水费、电费和防疫药品费等。

2. 房舍及育雏设备准备　接雏前2～3天，对育雏室内外进行彻底清扫和消毒，备好饲料、兽药、疫苗、照明用具等。

3. 雏鹅选择　雏鹅应来源于生产性能高、健康无疫病的种鹅群。

4. 育雏方式　以地面垫料平养为主，也可网上育雏。

四、雏鹅的饲养管理

（一）合理饲喂

1.“潮口” 雏鹅出壳后第一次下水运动与饮水称为“潮口”。可在饮水中加入0.05%高锰酸钾、5%葡萄糖或按比例加入速溶多维。

2.开食 一般用黏性较小的籼米和“夹生饭”作为开食料，最好掺一些切成细丝状的青菜叶、莴苣叶、油菜叶等。

3.饲喂次数及饲喂方法 见表10-1-1。

表10-1-1 雏鹅饲喂次数及饲喂方法

项目	2～3日龄	4～10日龄	11～20日龄	21～28日龄
每日总次数	6	8～9	5～6	3～4
夜间次数	2～3	3～4	1～2	1
精料所占比例/%	50	30	10～20	7～8

（二）分群育雏

育雏期间，应根据其生长发育情况，及时分群。按雏鹅大小、体质强弱、生长快慢合理分群饲养。对生长慢、体质弱的雏鹅，应多给精料和优质草料，细心护理，促进其生长发育，以保证雏鹅生长整齐，提高育雏率。第一次分群在10日龄时进行，每群数量150～180只；第二次分群在20日龄时进行，每群数量80～100只；育雏结束时，按公母不同性别分栏饲养。经常进行逐群检查，防止雏鹅堆叠，造成压死压伤事故；发现病雏要及时挑出隔离治疗，对弱群加强饲养管理。

（三）环境管理

1.温度 刚出壳鹅苗，体温调节机能差，既怕冷又怕热，必须实行人工保温。一般需用红外线保温灯保温2～3周。一般20日龄后方可安全脱温，但第1、2周是关键。养雏鹅必须有相应的加温保暖设备，才能保证雏鹅安全渡过育雏关。气温适宜时，5～7日龄便可开始放牧，气温低时则在10～20日龄开始放牧。

2.湿度 雏鹅体重增加，呼吸量和排粪量也增加，垫草易潮湿、发霉。高温高湿时，鹅体热量不易散发，食欲减少，抗病力下降；低温高湿时散热加快，易患感冒、呼吸道及肠道疾病。

鹅育雏期适宜的温湿度见表10-1-2。

表 10-1-2 鹅育雏期适宜的温湿度

日龄	温度/℃	相对湿度/%
1～5	28～27	60～65
6～10	26～25	60～65
11～15	24～22	65～70
16～20	22～20	65～70
＞20	18	65～70

3.通风换气　鹅舍换气时应注意防贼风，避免风直接吹在雏鹅身上，以免受凉。鹅舍 2 m 高处要留有换气孔。保温的情况下必须注意每天中午温度较高时要通风换气，以排出育雏舍内的水分和氨气。透气窗在冬季及阴雨天时，白天打开，夜间关闭。

4.饲养密度　一般平面饲养时，每平方米面积雏鹅饲养数为：1～5 日龄 20～25 只，6～10 日龄 15～20 只，11～15 日龄 12～15 只，16 日龄以后 8～10 只。每群最好不超过 200 只。

5.光照　1～3 日龄 24 h 光照，4～15 日龄 18 h 光照，16 日龄后逐渐减为自然光照，但晚上需开灯加喂饲料。光照强度 1～7 日龄每 15 m^2 用 1 只 40 W 灯泡，8～14 日龄换用 25 W 灯泡。

（四）适时放牧

夏季，出壳后 5～6 天即可放牧；冬春季节，要推迟到 15～20 天后放牧。放牧时间以上午 8:00～10:00，下午 15:00～17:00 为好。

（五）做好疫病预防工作

雏鹅应隔离饲养，不能与成年鹅和外来人员接触。定期对雏鹅、鹅舍进行消毒。雏鹅在 3 日龄皮下注射 10 倍稀释的小鹅瘟疫苗 0.2 mL，1～2 周后再接种 1 次；也可不接种疫苗，对刚出壳的雏鹅注射高免血清 0.5 mL 或高免蛋黄 1 mL。

【技能训练】

运用所学知识，进行雏鹅的饲养管理。

任务二　肉用仔鹅的饲养管理

【知识目标】

掌握肉用仔鹅的饲喂及管理技术。

【能力目标】

能对肉用仔鹅进行正确的饲养管理。

【材料和用具】

畜禽饲养技能实训教学系统、肉用仔鹅、视频资料等。

【内容和方法】

肉用仔鹅是指育雏结束后转入育肥群，饲养至10～12周龄的鹅。

一、肉用仔鹅的饲养管理

肉用仔鹅的消化器官逐渐发育，食量显著增加，消化力、抗病力和对外界环境的适应性增强，生长迅速，必须有足够的饲料来满足其营养需要。放牧为主、补料为辅是最适于肉用仔鹅的饲养方式，也是较为经济的饲养方式。

（一）肉用仔鹅的放牧

1.放牧地点　仔鹅时期宜选择较近、草嫩、草地平坦的草场放牧。仔鹅体力弱、行走慢，如果路远，应该用箩筐或笼子运去放牧，中午或傍晚运回。放牧场地要预先观察好，有计划地安排好轮流放牧，使每只仔鹅均能吃到鲜嫩牧草。有条件的尽量实行分区轮牧，放牧间隔15天以上，并把青草丰茂的地方留给早晚采食高峰时放牧。

2.放牧时间　一般上午1次，下午1次。天热时，上午要早出早归，下午要晚出晚归；中午让鹅在凉棚下休息。天冷时，上午要晚出晚归，下午要早出早归。

3.放牧时鹅群大小　以250～300只一群为宜，由2人管理放牧。出牧与收牧要清点鹅数。

4.注意放水　每当采食后，驱鹅下水，每次30 min左右，放水有助于消化。上岸休息后继续放牧。天热时，要增加放水次数。

（二）正确补料

1.补料条件　放牧效果好时，可不补料；肩、腿、背、腹正在脱毛，长出新羽时，应该补料。

2.补料量　视牧草生长状态及鹅的膘情而定。小型鹅每天每只补100～150 g，中、大型鹅150～250 g。

3.补饲时间　一般在中午或傍晚，白天补料可在牧地进行。

4.补料调制　一般以糠麸为主，掺以甘薯、瘪谷和少量花生饼或豆饼。参考饲料配方见表 10-2-1。

表 10-2-1 肉用仔鹅补充饲料配方

周龄	精料配合/%					每 100 g 精料另加/%		精料与青料的重量比例
	碎米	豆粕	稻谷粉	麸皮	花生饼	食盐	贝壳粉	
1	75	25	—	—	—	0.2	1	1∶10
2～3	60	20	10	5	5	0.2	1	1∶8
4～8	10	10	60	10	10	0.2	2	1∶7
9～10	—	—	60	20	20	0.2	2	1∶5

5. 饲喂次数　根据品种、日龄与生长发育状态决定。一般来说，30～50 日龄时，每昼夜喂 5～6 次；50～80 日龄喂 4～5 次，其间夜间喂 2 次。

(三)观察采食情况

健康、食欲旺盛的鹅表现动作敏捷，抢着吃，不择食，一边采食一边摆脖子往下咽，食管迅速增粗，并往右移，嘴角不停地往下点，俗称“压食”。食欲不振者，采食东张西望，不下咽，头不停地甩动，或动作迟钝，呆立不动，此状况出现可能是有病，要抓出隔离饲养。

二、肉用仔鹅的育肥

(一)放牧育肥

雏鹅 50～60 日龄时，可充分利用收割后遗留下来的谷粒、麦粒和草籽来育肥，经 10～15 天的放牧育肥后，就地收购。

(二)上棚育肥

用竹料或木料搭一个棚架，架底离地面 60～70 cm，食槽和水槽挂于栏外，隔成若干个小栏，每栏以 10 m^2 为宜，每平方米养鹅 4 只。日喂 3～4 次，最后 1 次在晚 10 时喂饲，整天应供给清洁的饮水，每次仅喂少许青料。

(三)圈养育肥

常用竹片(竹围)或高粱秆围成小栏，每栏养鹅 1～3 只，饲槽和饮水器放在栏外。白天喂 3 次，晚上喂 1 次。隔日让鹅下池塘水浴 1 次，每次 10～20 min，经 15 天左右的育肥，膘肥毛足即可宰杀。

(四)填饲育肥

将配制好的饲料填条，一条一条地塞进食管里强制鹅吞下去，环境安静，减少活动。填饲饲料采用玉米等。开始每天填3次，以后增加到5次。大约经过20天育肥。

三、适时出栏

采用全进全出的饲养管理模式。鹅生长快、饲料利用率高、饲养周期短，一般饲养一批商品肉鹅60～70天即可出栏上市。肉用仔鹅饲养的目的是赚钱，为获取最佳的经济效益，必须根据市场行情，做到适时出栏。

四、防疫和驱虫

坚持全进全出制度，防止交叉感染，做好消毒工作，对疫病采取综合防治措施，确保鹅群健康生长，其原则是早预防，早治疗；以防为主，防治结合。在不同日龄时注射不同的疫苗，定期驱虫、喂药，妥善处理病死鹅，严防发生疫病传染，发病鹅及时隔离治疗。

【技能训练】

运用所学知识，进行肉用仔鹅的饲养管理。

任务三　种鹅的饲养管理

【知识目标】

掌握种鹅的饲养管理要点。

【能力目标】

能对种鹅进行正确的饲养管理。

能根据实际情况对种鹅饲养环境进行调控。

【材料和用具】

种鹅及多媒体教学系统。

【内容和方法】

一、后备种鹅的饲养管理

后备种鹅是指从1月龄到开始产蛋的留种用鹅。

(一)5～10 周龄鹅(又称为中鹅或青年鹅)的饲养管理

饲养方式:草地资源有限,可采用放牧与舍饲相结合的饲养方式。大规模、集约化饲养和养冬鹅可采用关棚饲养的方式。

放牧要点:中鹅放牧饲养在每天收牧以后进行适当补饲。可以按照“夏放麦茬,秋放稻茬,冬放湖塘,春放草塘”的规律放牧。

(二)11～15 周龄鹅的饲养管理

种鹅的选留:种鹅 71 日龄时留种,首先要淘汰那些羽毛发育不良的个体。

合群训练:以 30～50 只一群为宜,而后逐渐扩大群体,300～500 只组成一个放牧群体。同一群体中个体间日龄、体重差异不能太大,尽量做到“大合大,小并小”。

(三)16～22 周龄鹅的饲养管理

重点是限制饲养,公母分群饲养。后备母鹅 100 日龄以后逐步改用粗料,日喂 2 次。

(四)22 周龄到开始产蛋鹅的饲养管理

加强饲喂:从 151 日龄开始,饲料要由粗变精,饲喂次数增加到每天 3～4 次,自由采食。饲料中增加玉米等谷实类饲料,同时增加矿物质饲料原料。

疫苗接种:种鹅开产前 1 个月要接种小鹅瘟疫苗和禽霍乱菌苗,且要在产蛋前完成。

二、产蛋期种鹅的饲养管理

(一)产蛋前的准备工作

严格挑选公鹅和母鹅。

(二)产蛋期的饲喂

适时调整日粮的营养浓度,喂料要定时定量,先喂精料再喂青料,每天喂料 3 次。

(三)产蛋期的管理

产蛋管理:母鹅的产蛋时间多集中在凌晨至上午 9:00 以前。

合理交配:小型鹅种公母比例为 1∶(6～7),中型鹅种 1∶(5～6),大型鹅种 1∶(4～5)。

搞好放牧管理:产蛋期间应就近放牧。

控制光照：每天 13～14 h 光照时间、5～8 W/m^2 的光照强度。

注意保温。

三、休产期种鹅的饲养管理

（一）调整饲喂方法

应以放牧为主，舍饲为辅，补饲糠麸等粗饲料。

（二）人工拔羽

恢复喂料后 2～3 周，体重正常，可进行人工拔羽。公鹅应比母鹅提前 1 个月进行。

（三）种鹅群的更新

全群更新：将原来饲养的种鹅全部淘汰，全部选用新种鹅来代替。

分批更新：种鹅群要保持一定的年龄比例，1 岁鹅 30％，2 岁鹅 25％，3 岁鹅 20％，4 岁鹅 15％，5 岁鹅 10％。

【技能训练】

运用所学知识，进行种鹅的饲养管理。

项目十一　肥肝及羽绒生产

任务一　肥 肝 生 产

【知识目标】

掌握鸭、鹅肥肝的生产技术，了解常用生产设备的使用方法。

【能力目标】

能进行肥肝生产及生产设备使用。

【材料和用具】

肥肝生产视频、生产设备。

【内容和方法】

肥肝包括鸭肥肝和鹅肥肝，它采用人工强制填饲，使鸭、鹅的肝脏在短期内大量积贮脂肪等营养物质，体积迅速增大，形成比普通肝重5～6倍甚至十几倍的肥肝。

一、填饲生产肥肝的适宜周龄、体重和季节

一般大型仔鹅在15～16周龄，体重4.5～5.0 kg；兼用型麻鸭在12～14周龄，体重2.0～2.5 kg；肉用型仔鸭在体重3.0 kg左右。但总的原则是要在骨骼基本长足，肌肉组织停止生长，即达到体成熟之后进行填饲效果才好。肥肝生产不宜在炎热的季节进行。填饲季节的最适宜温度为10～15℃，20～25℃尚可进行，25℃以上则很不适宜。相反，填饲家禽对低温的适应性较强，在4℃气温条件下对肥肝

生产无不良影响。

二、填饲饲料的选择和调制

1. 填饲饲料的选择　实践证明，玉米是最佳的填饲饲料，玉米含能量高，容易转化为脂肪积贮。

2. 填饲玉米的调制

（1）水煮法　将玉米粒倒入沸水中煮3～5 min，捞出沥去水分，然后加入占玉米重量1%～2%的猪油和0.3%～1%的食盐，充分拌匀。为避免烫伤，待凉至常温后供填饲用。

（2）干炒法　将玉米粒翻炒至八分熟。填饲前用热水浸泡1～1.5 h，沥干后加0.5%～1%的食盐及油脂，拌匀后供填饲用。

（3）浸泡法　将玉米粒置于冷水中浸泡8～12 h，沥干水分，加入0.5%～1%的动（植）物油脂，拌匀后供填饲用。

三、填饲方法

分为手工填饲和机械填饲。

手工填饲：填饲人员用左手握住鸭（鹅）头并用手指打开喙，右手将玉米粒塞入口腔内，并由上而下将玉米粒捋向食道膨大部，直至距咽喉约5 cm为止。手工填饲费力费时，目前，国内外已采用填饲机代替手工强制填饲，大大提高了劳动生产率，填饲量多而均匀，适宜批量生产的需要。

机械填饲：通常需要两人配合，助手用双手将鸭（鹅）保定好，填饲员坐在填饲机前，左手抓住鸭（鹅）头，同时用左手的食指和拇指挤压喙基部两侧，使喙张开，用右手食指伸入口腔内压住舌基部，让填饲管插入口腔，沿咽喉、食道直插至食道膨大部，填饲员右脚踩填饲开关踏板，螺旋推运器运转，玉米从填饲管中向食道膨大部推送，填饲员左手仍固定鸭（鹅）头，右手触摸食道膨大部，待玉米填满时，边填料边退出填饲管，自下而上填饲，直至距咽喉约5 cm为止，右脚松开脚踏开关，玉米停止输送，将咽部慢慢从填饲管中退出。插管时必须小心，填饲管插入口腔后，应顺势使填饲管缓慢通过咽喉和食道，如感觉有阻力，说明方向不对，应退出重插，要随时推拉颈部使其伸直，以保证填饲管顺利进入。在整个填饲期间，每只鸭（鹅）在插管28～42次，甚至更多，任何一次疏忽和粗心，都会给鸭（鹅）造成伤害，伤残率增高。填饲时应注意手脚协调并用，脚踩填饲开关填饲玉米应与鸭（鹅）食道从填饲管中退出的速度一致，退慢了会使食道局部膨胀形成堵塞，甚至食道破裂；退得太快又填不满食道，影响填饲量，进而影响肥肝增重。当鸭（鹅）挣扎颈部弯曲时，应松开脚踏开关，停止送料，待恢复正常体位时再继续填饲，以避免填饲事故发生。

四、填饲期时间、填饲次数和填饲量

填饲期时间一般2～4周，鹅填饲期较长，鸭填饲期较短，具体长短视品种、消化能力、增重而定，特别是肥育成熟与否而定。纯种不耐填，时间长了伤残率高，填饲期应短些；杂种生活力强，填饲期可长些。由于个体间存在差异，有的早熟，所以生产肥肝与生产肉用仔鸭（鹅）不同，不能确定统一的屠宰期。填饲到一定时期后，应注意观察鸭（鹅）群，分别对待，成熟一批，屠宰一批。成熟的特征为：体态肥胖，腹部下垂，两眼无神，精神萎靡，呼吸急促，行动迟缓，步态蹒跚，跛行，甚至瘫痪，羽毛潮湿而零乱，出现积食和腹泻等消化不良症状，此时应及时屠宰取肝，否则轻则填料量减少，肥肝不但未增重，反而萎缩，重则死亡，给肥肝生产带来损失。对精神好，消化能力强，还未充分成熟的可继续填饲，待充分成熟后屠宰。填饲次数关系到日填饲量，进而影响到肥肝增重。填料次数太少，填料量不足，肥肝增重慢；填饲次数太多会影响鸭（鹅）体的休息和消化吸收，给饲养管理工作带来不便，也不利于肥肝增重。应根据鸭（鹅）的消化能力，掌握每次填料到下次填料以前，食道正好无饲料为宜，但又要填饱不欠料。一般鹅每天填4次，鸭填3次。填饲量是生产肥肝的关键，直接关系到肥肝的增重和质量，填饲量不足，脂肪主要沉积在皮下和腹部，形成大量的皮下脂肪和腹脂，而肥肝增重慢，肥肝质量等级低；填得过多，影响消化吸收，填饲量又不得不降下来，对肥肝增重不利，还容易造成鸭（鹅）的伤残。填饲量应由少到多，逐渐增加，直至填饱，以后维持这样的水平。填饲前应先用手触摸鸭（鹅）的食道膨大部，如已空，说明消化良好，应逐渐增加填饲量；如食道膨大部有饲料积贮，说明填饲过量，消化不良，应用手指帮助把积贮的玉米捏松，以利于消化，并适当减少填饲量。如因填饲量过多等原因造成食道损伤，连续几天食道中玉米还未消化，应立即宰杀淘汰。每日填饲量大、中型鹅800～1 200 g，小型鹅500～800 g，北京鸭等大型肉鸭500～600 g，建昌鸭等小型鸭450～550 g。

五、填饲期的饲养管理

填饲期间应为鸭（鹅）提供良好的环境。圈舍要求冬暖夏凉，通气良好，空气新鲜，地面平坦，地上无石块硬物，舍内适当添加垫草，供应充足饮水，水盆或水槽要经常清洗，保持随时都有清洁饮水供应。但在填料后30 min内不能让鸭、鹅饮水，以减少它们甩料。舍内要围成小栏，每栏养鸭不超过20只，养鹅不超过10只，每平方米可养鸭4～5只，鹅2～3只。舍内光线宜暗，保持环境安静，禁止下水洗浴，减少惊扰，使鸭（鹅）得到充分休息，减少能量消耗，利于肥肝生长。驱赶应缓慢，防止挤压和碰撞，防止惊吓，捕捉时应格外小心，轻提轻放。平时仔细观察鸭(鹅)群的精神情况，特别是填饲10天后，根据具体情况决定是否紧急屠宰，减少损失。

六、肥肝采摘

肥肝质量的好坏不仅与饲养、填饲有关系，同时与屠宰技术也密切相关。为了避免取肝时伤到肝脏，需要特别小心。

1.屠宰　屠宰之前鸭、鹅应停食12 h，但是要供应充足的水，以便于放血充分，尽量排净肝脏瘀血，以保证肝脏的质量。宰杀时抓住鹅的两腿，倒挂屠宰，便于放血。割破喉管，放血时间一般为5 min。

2.浸烫　放血后马上浸烫，水温65～70℃，时间3～5 min。

3.脱毛　因为脱毛机容易损伤肥肝，所以采用人工拔毛最好，不易拔出的绒毛可使用酒精灯烧。拔毛不要碰撞其腹部，也不要把禽体堆积。

4.剖腹取肝　操作时要特别小心，不要划破肥肝。如果不小心划破了胆囊，应该及时用水将肥肝上的胆汁冲洗掉。操作人员每取完一只必须清洗双手。取出的肥肝要稍微修理一下，去除神经、结缔组织、残留脂肪和胆囊绿色渗出物，切除肝上的瘀血、出血斑和破损部分。修正后的肥肝放入0.9%的盐水中浸泡10 min，捞出后沥干，称重分级，并按不同等级进行包装。在－18～－20℃的冷库中，可保存2～3个月，用于直接销售的加冰块冷藏就可以了。

七、肥肝的分级

正常的肥肝，肝叶均匀，轮廓分明，表面光滑并富有弹性，色泽一致。一般根据重量及感官评定加以分级。

特级肝：重600 g以上，肝体完整，无血斑、血肿、胆汁绿斑，色泽淡黄、米黄或浅粉，肝表面有光泽，色度均匀，指压后凹陷很快恢复，具鲜肝正常气味。

一级肝：重400 g以上，允许肝体切除一小部分，血斑直径20 mm者不超过两块，无血肿、胆汁绿斑，色泽淡黄、米黄或浅粉，肝表面有光泽，指压后凹陷很快恢复，具鲜肝正常气味。

二级肝：重300～399 g，允许肝体切除一小部分，允许有血斑，无血肿，无胆汁绿斑，色泽淡黄、米黄或浅粉，肝表面有光泽，指压后凹陷较快恢复，无异味。

三级肝：重200～299 g，允许肝体切除一部分，允许有血斑、血肿，无胆汁绿斑，色泽淡黄、米黄、黄色、浅粉或红，肝表面有光泽，指压后凹陷恢复较慢，无异味。

等外肝：重150～199 g，允许肝体切除一部分，允许有血斑、血肿，无胆汁绿斑，色泽淡黄、米黄、黄色、浅粉或红，肝表面有光泽，指压后凹陷恢复较慢，无异味。

【技能训练】

运用所学知识，进行鸭、鹅肥肝的生产。

任务二 活拔羽绒技术

【知识目标】

掌握鸭、鹅的活拔羽绒技术。

【能力目标】

能进行鸭、鹅的羽绒生产。

【材料和用具】

鸭、鹅活拔羽绒生产视频。

【内容和方法】

羽绒是鸭鹅生产中一项重要的副产品。羽绒具有柔软、轻松、弹性好以及保暖性能好等优点，用途十分广泛，多年来鸭绒一直是我国的一项重要出口商品，并且国内市场的需求量也相当大。活拔羽绒是一项以生产羽绒为目的的新的鸭鹅生产技术。该技术是根据鸭、鹅具有自然换羽和羽绒再生能力的生物学特性，采取人工拔取活鸭、鹅的羽绒。此项技术方法简单、易于操作，改变了以往只能在宰杀后才能一次拔取羽绒造成产量低、质量差的现象。通过这种方法生产的羽绒，含绒率可高达20％～35％，并且蓬松度好，基本上不含杂质，品质好，售价也比传统的水拔法生产的羽绒高2～3倍，加之在一年中能够多次拔取，因此能大幅度提高经济效益。同时，因其操作简单，不需额外添置过多的设备、器械，只要多拔几次就可熟练掌握，便于推广应用。我国鸭、鹅的饲养量占世界首位，羽绒的资源十分丰富，所以在我国大力推广普及活拔羽绒生产技术意义重大。

一、活拔羽绒鸭(鹅)的选择

在生产中，活拔羽绒应做到不影响水禽的生长发育、产蛋、配种，这是最基本的前提，并且能够与当地的气候条件等实际情况相结合。值得注意的是，近年来国内外市场上的羽绒制品，面料大都为薄型、淡颜色，对填充羽绒的质量要求也越来越高，所以白色羽绒在市场上较为畅销，相对而言，价格也略贵些。因此，活拔羽绒最好选择白色的水禽品种。

1.适用于活拔羽绒的鸭、鹅

(1)淘汰的种禽　种禽经过1年或2年的产蛋期后,可在活拔羽绒1次后再育肥上市。

(2)进入休产期的种禽　此时活拔羽绒对于种禽来说,还可起到强制换羽和促进新陈代谢的作用。

(3)肉用水禽　放牧饲养的肉用商品水禽,在饲养到第3个月时就可以开始进行第一次拔取羽绒,待羽绒重新长成后,再次拔取,在宰杀前1个月时停止拔取羽绒,以便育肥待售。

(4)临宰前的白鸭、鹅　准备肉食或加工成分割肉、罐头肉的鸭、鹅,可以人工拔取羽绒。

(5)用于肥肝生产的鸭、鹅　在填饲前可以活拔1次羽绒。

2.不能活拔羽绒的鸭、鹅

(1)雏禽、中禽　由于其羽毛尚未长齐,不能活拔羽绒。

(2)体弱多病或营养不良的鸭、鹅　拔出的羽毛常带有肌肉、皮肤的微块,会影响到羽绒的质量,加之拔羽的刺激会加重病情,易引起感染,严重者甚至造成死亡。

(3)处于产蛋期的公母禽　因为会严重影响产蛋(配种)。

(4)正在换羽的鸭、鹅　血管毛较多,且含绒量少,活拔时极易拉破皮肤,造成羽绒质量和胴体质量均较差。

(5)整只出口的肉鸭、鹅　因拔毛可能损伤皮肤,易在胴体上留下斑痕,影响外观品质。

(6)饲养4年以上的鸭、鹅　因其新陈代谢能力弱,羽绒再生能力较差。

二、活拔羽绒的操作

(一)准备工作

最好选择风和日丽、晴朗干燥的天气进行,尽量不在阴雨天气。为了保证鸭、鹅活拔羽绒工作的顺利进行,提高工作效率和羽绒质量,在拔羽之前一定要充分做好各项准备工作。

1.人员准备　操作人员必须熟练掌握活拔羽绒的操作技术,以减轻鸭、鹅的应激反应,提高活拔羽绒的质量。

2.禽只准备

(1)抽样检查　活拔羽绒前应对鸭、鹅群进行抽样检查,如果绝大部分羽绒根无血管,表明可活拔羽绒。

(2)停食停水　活拔羽绒前1天要停止喂食，只供饮水，防止第2天活拔羽绒时被粪便污染。在拔毛当天也应停水，使禽只周身的羽绒保持干燥、洁净。

(3)洗澡　对羽毛不清洁的，在拔毛的前1天要让其洗澡，以便去掉泥沙和其他污物。

(4)灌酒　对初次进行拔毛的，在拔毛前每只灌服10 mL白酒(不能用酒精)，能使其毛囊扩张、皮肤松弛，易拔，且可减轻痛苦。

3.其他准备

(1)操作场地　最好是在室内进行。如果是在室外，则要求地面平坦、干净，并在地面铺上一层干净的塑料布，以免羽绒受到污染。

(2)盛装羽绒的容器　要求放羽绒的容器光滑、清洁、不勾毛、不带毛、不污染羽绒，可以用硬纸箱或塑料桶及塑料袋。

(3)药品和器具　如操作人员坐的凳子，称量用的秤，消毒用的碘酒和药棉等。有条件的可给工作人员配备专用衣裤、帽子和口罩。

(二)活拔羽绒的操作方法

1.活拔羽绒的部位　活拔的羽绒主要用作羽绒服装或卧具的填充，需要的是含“绒朵”量高的羽绒和一部分长度在5 cm以下的“片绒”，所以拔羽绒的部位应主要集中在胸部、腹部、体侧面，绒毛少的肩、背、颈处少拔，绒毛极少的脚和翅膀处不拔，翅膀上的大羽和尾部的大尾羽原则上不拔。此外，小腿和肛门部位虽然有绒羽，但为了保持体温，加之操作时易对禽只造成较大伤害，故也不能拔取。

2.活拔羽绒的方法

(1)保定　保定要根据操作人员的方便和习惯而定，一方面要做到稳固禽体，另一方面也要做到使操作者工作方便。

生产中常用的适于单人操作的双腿保定法：操作者坐在25 cm左右高的凳子上，两腿夹住鸭、鹅的身体，一只手握住双翅和头，另一只手拔取羽绒。

(2)拔羽的方向　一般来说，顺毛拔或逆毛拔均可，但以顺拔为主，因为鸭、鹅的羽毛绝大部分是倾斜生长的，顺毛方向拔，不会损伤毛囊组织，并有利于羽绒的再生。

(3)拔羽的顺序　先由胸到腹部，然后依次是两肋、颈、背等部位。注意，副翼羽不能拔。

(4)拔羽的手法　以拇指、食指和中指，紧贴皮肤，捏住羽毛和羽绒的基部，每次3～4片，宁少勿多，用力均匀、快速。切不可垂直或胡乱拔取，以防撕裂皮肤，影响羽绒的品质。拔取翅膀的大翎毛的方法是：用钳子夹住翎毛根部，注意不要损伤羽面，用力要适当，力求一次拔出。

一般来说，初次活拔羽绒的鸭、鹅，毛孔较紧，比较费劲，以后再拔毛孔就松动好拔了。

三、拔羽中易出现的问题及处理

（一）毛片难拔

遇到这种情况时，对能避开的毛片，可不拔，只拔绒朵，当毛片不好避开时，可将其剪断。剪毛片时1次只能剪去1根，用剪尖在毛片根部接近皮肤处剪断，注意不要伤及皮肤和剪断绒朵。

（二）脱肛

在活拔羽绒操作时，个别鸭、鹅可能会出现脱肛现象。遇此情况，一般不需任何处理，过1～2天即能恢复正常，严重者可用0.1%的高锰酸钾溶液（37℃）冲洗肛门，同时进行人工按摩推进，使其尽快恢复原状。

（三）皮伤

在拔毛过程中，如果出血或小范围皮伤，用紫药水涂抹一下即可。如果伤口较大，则要手术缝合，并服用一定的药物，然后在舍内饲养一段时间后再放出舍外活动或放牧。如果遇到少许的毛绒根部带血肉，则拔羽时动作要稍慢些，每次拔毛的根数要少，要轻稳且有耐心地拔。如果大部分毛绒都带有肉质，这表明禽只的营养不良，应停止活拔羽绒，待喂养一段时间后再拔。

四、活拔羽绒后的饲养管理

活拔羽绒，对鸭、鹅来说是一个比较大的外界刺激，精神状态和生理机能均会因此而发生一定的变化。一般表现为精神有些委顿、活动减少、喜站不愿卧、走路摇晃、胆小怕人、翅膀下垂、食欲减退，个别的可能表现得更为敏感一些。因此，为使鸭、鹅能够尽早康复，应加强活拔羽绒后的饲养管理。

（一）供给充足的营养

活拔羽绒与正常的自然换羽有着很大的区别。在活拔羽绒后，禽体不仅需要维持体温和各组织、器官正常生理活动的营养物质，而且还要有足够的营养成分来保障羽绒的再次生长发育，所以一定要加强营养供给。参考配方：玉米33%，麦麸30%，稻糠13%，豆饼15%，鱼粉5%，羽毛粉3%，微量元素0.5%，食盐0.5%，同时供给一定的青绿饲料。7天以后可逐渐减少精料，增加粗料，给足青绿饲料。

（二）创造适宜的舍内外环境

活拔羽绒后的3天内，应将鸭、鹅放在舍内，让其在舍内活动、饮水、采食。舍内应保暖、幽暗、无风，地面平坦、干燥、清洁，并铺上干净柔软的垫草。同时，还要避免被蚊虫叮咬，防止受凉感冒。

（三）防止烈日照射和过早下水

因活拔羽绒后，皮肤裸露，毛囊开张，故活拔羽绒后的3天内不能在强烈阳光下放养，7天内不能下水和雨淋，以免毛囊发炎感染。拔羽7天后，因鸭的皮肤毛孔已经闭合，可让鸭、鹅下水洗浴，以促进羽毛的生长。

（四）分群

按照性别、体质、数量等具体情况分群管理，以保证羽绒尽快长好。

五、羽绒的处理

通常来讲，活拔的羽绒宜直接出售。若拔下的羽绒不能马上出售，则必须进行妥善处理（必要时可进行消毒）：待羽绒干透后用干净不漏气的塑料袋包装，外面套以编织塑料袋，并用绳子分层捆紧，装包，放在干燥、通风的室内存放。为防止虫蛀，可在包装袋上撒上杀虫药，并在每年夏季，每月库房内用杀虫药熏蒸1次。在贮存过程中要经常检查，保持环境清洁，注意防潮、防霉、防蛀，以保证羽绒质量。如果储存不当，羽绒就会结块、虫蛀、发热、霉变，影响质量，降低售价。

六、活拔羽绒的周期和时间

活拔羽绒后的鸭、鹅，在正常饲养管理的条件下，40～45天后新羽毛就可以长齐，所以活拔羽绒的周期为45天左右。因冬季寒冷，禽体的抵抗力也较弱，若活拔羽绒，易使鸭、鹅患病，故活拔羽绒多在夏秋季进行。

【技能训练】

运用所学知识，进行鸭、鹅的活拔羽绒操作。

参考文献

[1] 吴春琴.家禽生产实训教程.北京:中国农业科学技术出版社,2013.

[2] 尤明珍,张玲.禽的生产与经营.2版.北京:高等教育出版社,2010.

[3] 王恬,陈桂银.畜禽生产.北京:高等教育出版社,2002.

[4] 赵聘,关文怡.家禽生产技术.北京:中国农业科学技术出版社,2012.

[5] 岳永生.简明养鸭手册.北京:中国农业大学出版社,2003.

[6] 岳永生.肉鸭养殖技术.北京:中国农业大学出版社,2003.

[7] 李朝国,张记林.鸭高效饲养与疫病监控.北京:中国农业大学出版社,2003.

[8] 尹兆正,余东游,祝春雷.简明养鹅手册. 北京:中国农业大学出版社,2002.

[9] 程安春.养鹅与鹅病防治. 北京:中国农业大学出版社,2003.